经典译丛·网络空间安全

安全协议操作语义与验证

Operational Semantics and Verification of Security Protocols

[瑞　士] Cas Cremers
[卢森堡] Sjouke Mauw　著

吴汉炜　译
卿斯汉　审校

電子工業出版社
Publishing House of Electronics Industry
北京·BEIJING

内 容 简 介

安全协议作为信息安全的重要基础之一，其安全属性能否达到设计者的初始目标成为一个重要研究内容，关系到依赖于协议的上层应用系统的安全性。本书的内容主要涵盖两部分：用形式化的语义定义协议的执行规格和安全属性，精确表示安全协议的安全属性；综合运用各种形式化方法设计一个高效的验证算法，在可接受的时间内验证安全属性。本书还探讨了多协议安全分析，比较分析了各种验证理论和发展趋势。

本书可作为高等院校信息安全、计算机和通信等专业的教学参考书，也可供从事相关专业的教学、科研和工程技术人员参考。

图书在版编目(CIP)数据

安全协议操作语义与验证 / (瑞士) 卡斯・克雷默斯(Cas Cremers)，(卢森堡) 肖克・毛弗(Sjouke Mauw) 著；吴汉炜译. —北京：电子工业出版社，2018.11
（经典译丛. 网络空间安全）
书名原文：Operational Semantics and Verification of Security Protocols
ISBN 978-7-121-35195-2

I. ①安… II. ①卡… ②肖… ③吴… III. ①计算机网络－网络安全－通信协议－操作语义－验证
IV. ①TP393.08 ②TP301.2

中国版本图书馆 CIP 数据核字(2018)第 230371 号

策划编辑：杨 博
责任编辑：谭丽莎
印　　刷：北京天宇星印刷厂
装　　订：北京天宇星印刷厂
出版发行：电子工业出版社
　　　　　北京市海淀区万寿路 173 信箱　　邮编：100036
开　　本：787×1092　1/16　印张：9.25　字数：203 千字
版　　次：2018 年 11 月第 1 版
印　　次：2018 年 11 月第 1 次印刷
定　　价：59.00 元

凡所购买电子工业出版社图书有缺损问题，请向购买书店调换。若书店售缺，请与本社发行部联系，联系及邮购电话：(010)88254888，88258888。

质量投诉请发邮件至 zlts@phei.com.cn，盗版侵权举报请发邮件至 dbqq@phei.com.cn。

本书咨询联系方式：yangbo2@phei.com. cn。

译 者 序

伴随着计算机技术和通信技术的发展，人们的生活方式也发生了极大的改变。移动终端的普及、大数据分析和各种人工智能应用悄悄地改变了人们的生活方式，信息安全问题也日益突出，上关国家安全，下系个人隐私保护。各种应用都依赖于底层的通信协议，为了确保协议的安全性，设计者往往利用密码要素增加协议的安全性。大量协议还被应用在关键性系统上，它们的安全分析和证明，乃至如何设计一个安全的协议，仍然是一件很困难的事情。

正如本书作者所述，安全工程师用高强度的密码算法设计出一个协议后，并不能保证通信协议的安全性。传统的安全分析依赖于设计者的经验和手工分析，这种做法在实践中已经被证明很难完全检测出系统的各种隐藏漏洞。协议运行环境的改变、安全假设的改变，都可能导致新的攻击。例如，伴随着移动计算的普及，一个设备上运行着多个不同的应用，每个应用对应着一个协议会话，多协议的并发运行将增加新的安全隐患。

本书涵盖了从安全协议验证的基础理论到代码的实现，不仅为协议构建了牢固的数学形式化基础，进而精确地定义了协议的运行规范和安全属性，还设计了高效的验证算法。作者不仅熟悉各种形式化理论，更难能可贵的是开发了多个开源的安全协议验证系统：基于标准模型的 Scyther、提供机器证明的 Scyther-Proof、高级的可交互式 Tamarin。这些系统非常有利于协议的分析和学习，信息安全工程设计人员可以很方便地用验证系统检测协议的安全性能。

本书有一个配套的网页，提供了协议验证需要的工具、教学资料和参考文献。读者在阅读过程中可以下载相关工具并对协议实例进行验证分析，将有利于理解协议的运行和有关安全机制。验证工具提供了源码，非常方便高级研究者深入了解验证算法的细节。因此，本书非常适合作为信息安全和相关专业的教材，也可作为相关工程研究人员的参考书。

本书的翻译得到了国家自然科学基金(编号：61170282、61661019)和海南省自然科学基金(编号：614231)的资助和支持。特别感谢中国科学院软件研究所首席研究员、北京大学软件与微电子学院卿斯汉教授一直以来给予的关怀和帮助。全书由吴汉炜翻译，卿斯汉审校。由于时间仓促，不当之处在所难免，恳请读者批评指正。联系 E-mail: wuhanwei@hainu.edu.cn。

译 者

于海南大学东坡湖畔

前　言[1]

大约十年前，Sjouke Mauw 和 Erik de Vink 创建了荷兰艾恩德霍芬科技大学的计算机安全研究小组。凭借在形式化理论领域的深厚功底，他们开始关注安全协议的形式化建模与安全属性分析。他们发现，如果首先构建一个简洁的模型，然后用易于理解的操作语义概念描绘该模型，将非常有助于理解安全协议固有的复杂性。在研究开始后不久，Cas Cremers 加入了研究小组，并把这个极具挑战性的领域作为他的博士研究课题。

这些年来，我们不仅在研究中深入探讨协议模型，还把它作为研究生教学中学习安全协议的理论基础。其间我们开发了 Scyther 验证系统。该工具运行效率很高，能帮助我们快速证明协议的正确与否，并将验证理论应用到真实协议检测中。

本书的写作目的有三个。首先，简略介绍我们在安全协议理论研究上的成果。其次，本书可作为协议验证的基础教材。最后，当阐述完理论基础后，读者能将验证理论应用于实际分析。我们希望读者在阅读完本书后，能理解协议分析的内部机理和各种不同验证理论。

本书的出版得益于许多人的支持和帮助，没有他们的付出本书将无法面世。首先我们要特别向 Erik de Vink 表达我们的敬意。书中的许多概念、技术方案均由他提出，通过与他的热烈探讨，我们从中获益匪浅。

我们还要真挚地感谢 Jos Baeten 和 David Basin，他们给了我们在这个领域连续几年研究和著书的机会。同时，还要感谢我们的编辑 Ronan Nugent，在我们的写作过程中他给予了我们耐心的支持。

本书涉及的理论和陈述在这些年来经历了许多变化。我们要特别感谢为本书提出各种建设性意见的人士，他们是：David Basin、Ton van Deursen、Hugo Jonker、Barbara Kordy、Simon Meier、Matthijs Melissen、Marko Horvat、Saša Radomirović、Benedikt Schmidt 和 Christoph Sprenger。

最后，我们各自的家人在我们的写作过程中给我们提供了精神上的支持。没有他们，本书不可能面世。

Cas Cremers 于苏黎世

Sjouke Mauw 于卢森堡

[1] 中译本的一些图示、参考文献、符号及正斜体形式等沿用了英文原著的表示，特此说明。

目　　录

第1章　背景介绍

摘要　在简略地叙述完密码学和安全的历史背景后，我们说明了学习安全协议的动机。本章提供了本书其他章节的内容概要和它们之间的关系。

1.1　历史背景

本书不是一本讲述密码学的专著。

密码学，或者称之为有关“隐写”的艺术，可以回溯到公元前 600 年，那时希伯来学者已经开始使用密码术。为了给单词 `girl` 编码，他们对单词的每个字母单独编码，通过对字母表重新倒序排列：`a` 被换为 `z`，`b` 被换为 `y`，以此类推，这样，单词 `girl` 将被编码为 `trio`，反之亦然。只要没有人发现这样的编解码方案，这样的加密就是安全的。

公元前 400 年左右，据说斯巴达人使用了一种叫作 Scytale 的设备加密信息，这个设备可以看作世界上第一个用来加密的设备。实际上，Scytale 就是一个具有特定直径的圆棍。只有发送者和接收者才知道正确的直径。发送者把长条纸(根据传说，是一条腰带)缠绕在木棍上，然后按照从左到右的顺序，把机密信息写在纸上，如图 1.1 所示。

如果我们要发送秘密消息 `consoles`，假设现在木棍的直径大小刚好够环绕木棍写下两个字符，我们在木棍的前方从左到右写下 `c o n s`，如图 1.1 所示。接着，把木棍翻转过去在另外一面写下剩余的字符 `o l e s`。现在，如果我们把长条纸从木棍解下，阅读所有字符，可以发现加密后的消息是 `coolness`，如图 1.2 所示。

如果接收者需要对密文解密，可以把密文缠绕在相同粗细的木棍上。如果木棍的直径不对，如环绕木棍一次可以写三个字符，则消息会被解码为 `clsonsoe`，接收者就无法得到正确的明文消息。在这里，木棍的直径扮演了密钥的角色。即使敌人知道加密的具体方案，但加密和解密密文需要一个特定的密钥，这个密钥仅由消息的发送方和接收方共享。

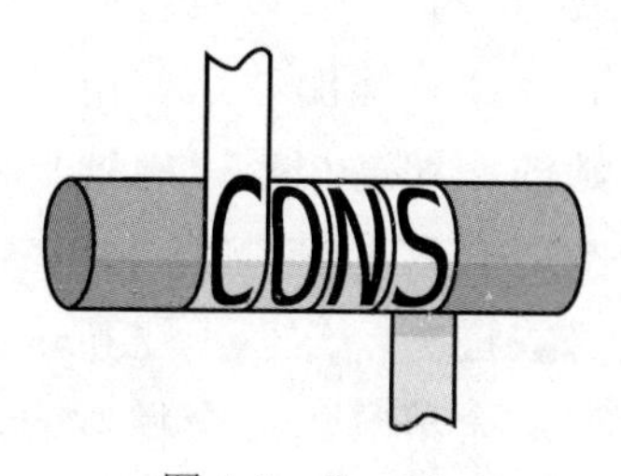

图 1.1　Scytale

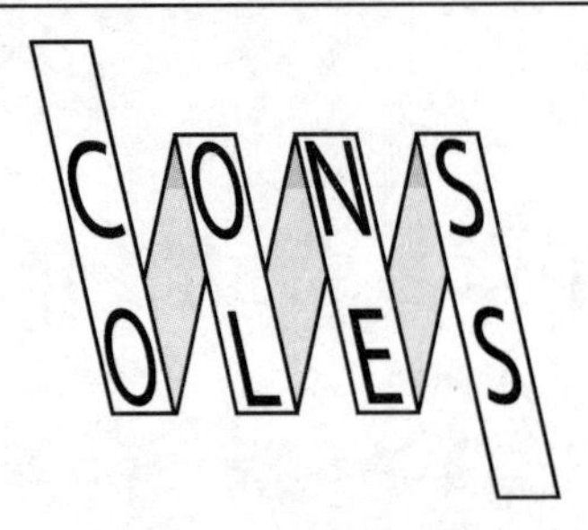

图 1.2 展开后的 Scytale

回顾历史，加解密算法的演变非常重要。古典加解密方案多取决于加解密算法的机密性。

这种设计理论也被称为基于算法机密性的安全设计，即使在今天仍被使用。当然，还可以设计出更高安全强度的加解密方案。19 世纪，著名的密码学家奥古斯特·柯卡霍夫(Auguste Kerckhoffs)指出，系统的安全性不应依赖于加解密算法的机密性，仅取决于密钥的保密性。这就是著名的 Kerckhoffs 原理。20 世纪，克劳德·香农(Claude Shannon)明确地阐述了类似的概念，指出“敌手总能了解系统”，我们称之为香农准则。

在第二次世界大战之前和期间，密码学被广泛地使用，其中也包括德国军队。尽管有许多不同的密码机，但其中最有名的莫过于 Enigma(谜)密码机，这是一种有多个转轮的密码设备。1932 年，波兰研究者最早尝试对 Enigma 密码机密文进行破译。在他们的成果基础上，英国布莱奇利庄园的一个研究组(其中包括著名的计算机科学家 Alan Turing)在战争后期终于能在每日收集的敌人密文基础上破译密文。能取得这样的成果并不是由于他们已经对德国人的 Enigma 密码机构造了如指掌，而是他们设计出了专用的解密机器(花费了几年的时间)，可以从密文信息中恢复出密钥。

1948 年，当香农发表了有关信息论的重要论文后[145]，密码学领域开始出现了很多出版著作，其中大部分集中于如何构建新的密码学方案。这些方案不再仅限于新算法的发明，研究者们还开始用优雅的数学方案构建密码系统：现在密码系统的安全强度取决于某些数学难题。为了证明一个密码方案的安全性，设计者可以证明如果攻击者要破解系统，他必须能解决一个数学难题，而这个数学难题是公认难以求解的。

1976 年，Diffie 和 Hellman 发表了他们的重要论文，介绍了一种非对称密码学的思想[70]。我们可以给出一种非正式的比喻来说明他们的方案：在 Diffie-Hellman 密码系统中，每个人都有自己的一个特定的扣锁，以及打开这个扣锁的钥匙。现在假设 Alice 希望能安全地收到加密消息，只有她才能阅读这些消息。那么，她创建了一个扣锁和一把对应的钥匙。她不会公开她的钥匙，相反，她把自己的钥匙秘密地收藏好，然后把多个扣锁的备份公开地发送给所有人。如果她的兄弟 Bob 想发送一条机密消息给她，可以找来一个盒子，把机密消息放进去，然后用 Alice 公开的扣锁把盒子锁上。现在除 Alice 外，其他人都无法阅读这个消息。这个精妙的方案解决了一直困扰着传统对称密码学的一个难题，即消息的接收者和发送者要有相同的共享密钥。

这个突破性的成果刺激了后续一系列非对称密码系统的研究，其中的很多系统演变为国际标准。今天，非对称密码系统和对称密码系统被广泛地使用，尤其是在因特网上大量使用，如无线通信、智能卡应用、手机通信，以及其他各种应用。

简略地对密码学历史回顾后，也许有人会认为安全的加密算法就是通信安全的“圣杯”了。他们认为，一旦找到某个完美的加密算法，所有的通信就是安全的，然后就可以高枕无忧了。遗憾的是，这不是实情。单纯的密码学不足以保证通信的安全。这就是为什么本书不是有关密码学专著的原因。

1.2 基于黑盒的安全协议分析

想象一下，如果你有一个结实的自行车链锁(见图 1.3)，但是却用了错误的方式来锁住你的自行车，那么小偷仍然能偷走你的自行车。与此类似，计算机系统的安全性取决于安全部件的交互方式。密码学加密系统就好比自行车的链锁，在构造安全的计算机系统时是一个非常有用的机制，但是你仍然可能会错误地使用密码方案。就安全本身而言，密码学基本机制不足以提供完全的保证。

图 1.3 自行车链锁

安全协议是确保通信安全性的手段，这种通信总带有特定的安全目标。一般在安全协议里总会使用某些加密机制。安全协议构成了今天的通信系统的基础，如安全因特网通信，手机系统网络，信用卡、ATM 取款机与银行之间的各种通信。在这些应用中，最关键的环节是保证恶意方无法妨碍协议的预期行为，或者不能获知他未被授权的信息。一个安全协议宣称自己是安全的，这是远远不够的。实际上，我们希望能强有力地保证它的安全性。

为了创建协议的安全保证，我们将寻求数学的支持。我们将创建关于协议和网络的一个数学模型，并假设这个网络处于敌手的完全控制之下。这样的模型允许我们证明敌人无法妨碍协议执行或无法获得任何机密信息。由于这些模型在使用简单密码方案时就已经很复杂了，如果想在它的基础上推理整个协议的安全性，则必须对某些密码细节予以抽象。终于，对协议的安全目标的演绎需要导致了 1983 年 Dolev 和 Yao[76] 对加密过程的理想化抽象，并且包含两个主要特性。首先，密码系统被假设为完美的：一条加密的消息只能被拥有正确密钥的人解密(没有其他方法可以破解该密码方案)。其次，消息被看作抽象的项：要么敌手能得到完整的消息内容(因为他有正确的密钥)，要么他什么也得不到。我们可以对这样的基于抽象黑盒的模型进行分析，并且意识到模型总是把所有加密抽象为具有特定属性的函数。对于加密细节和属性，我们并不具体建模，而是假设某人已经发明了一个完美的密码学方案，可以直接将其用于构建安全协议。

在这两个密码学假设之后，Dolev 和 Yao 就计算机网络建立了第三个抽象概念。整个网络被假设在敌手的完全控制之下。他可以任意删除消息，检查消息的内容，插入他自己的消息，重定向消息或简单地重发消息。这三个属性合称为 Dolev-Yao 模型：加密是完美的、消息是抽象项、网络被敌手完全控制。

给定一个安全协议，我们可以在 Dolev-Yao 的假设模型中，利用数学手段推导出协议的安全属性。最终，Dolev 和 Yao 的工作演化为安全协议研究的一个方向，大体上被称为黑盒安全协议分析。然而，把这三个基本特征用精确的数学模型表示后，即使有清晰的安全假设和清晰的安全属性定义，实践证明这样做仍然是有风险的。

接着，我们给出了这个研究领域的一个例子，展现了协议安全的微妙性。该实例是设计于 1978 年的 NSPK(Needham-Schroeder Public-Key)协议[124]，大约在 Dolev 和 Yao 提出抽象模型 5 年之前。原始协议包含三条消息，在两个通信方之间传送。协议的目的是为所有参与实体提供身份认证。该设计出现后的 20 年，NSPK 协议一直被认为是正确的设计；现在，我们认为它的正确与否取决于使用它的具体环境。在很多强大的分析方法中，这样的微妙攻击并没有被发现，主要原因在于敌手假设被改变了。

1989 年，Burrows、Abadi 和 Needham 发表了一篇突破性的、关于身份认证逻辑(即著名的 BAN 逻辑)推导的论文[39]，该逻辑也依赖于 Dolev-Yao 模型的黑盒假设。按照论文中的逻辑推导，他们成功地证明了多个协议满足身份认证的安全目标。① 这些协议里就有 NSPK 协议。该协议已经被正式证明是正确的。该协议在以后演化为 Kerberos[27]协议。大约在 NSPK 协议发布 20 年后，Gavin Lowe 于 1996 年声称在协议中找到一个攻击。结果显示，Lowe 的攻击需要一个强大的敌手，要比 Dolev 和 Yao 模型的原始版本中的敌手更加强大。1980 年前后，网络上的用户总是被看作诚实的使用者：攻击者只能来源于外部。但是在 20 世纪 90 年代，对网络的看法发生了改变：许多大型网络被用户使用，这些用户不一定是可信任的用户。Lowe 的攻击要求敌手

---

① 该论文的主要贡献是，BAN 逻辑明确了某些 Dolev-Yao 假设，同时对认证的概念给出了一个可接受的数学定义。

是一个内部用户，或者他能拉拢一个内部用户。这样，关于敌手的模型被改变了，现在敌手被假设为他能控制一部分系统中的合法用户。

在同一篇论文中，Lowe还介绍了在协议中查寻攻击的自动化程序。一个协议的高阶描绘可以用Casper程序处理，Casper程序根据进程代数为协议的行为和敌手可能的操作建立模型。类似地，协议的安全属性被转化为第二个进程集合，这是一个理想化的系统行为模型，只有安全属性被满足时才出现。Casper系统使用的模型检测工具，其原理基于进程代数理论，可以检查实际的协议模型是否拥有和理想系统一样的行为集合。如果这些行为是相同的，则敌手无法影响协议的正确执行。按照这样的方法，Lowe能自动化地查找NSPK协议里存在的安全攻击，然后使用相同的方法证明在改进后的版本中不存在类似的攻击。修正后的版本就是著名的NSL(Needham-Schroeder-Lowe)协议。

在Lowe的重要成果之后，涌现了大量安全协议形式化理论和工具。许多安全协议形式化理论仅仅专注于协议的描述，却没有可用的工具对这些描述建立形式化语义分析。另外，大多数工具仅有明确的形式化说明，缺少模型的形式化定义和实际要被检测的安全属性的形式化定义。这样，就很难解释分析后的结果。

以上背景导致了本书要阐述的一系列问题，我们将在下一节中说明。

1.3 目的与方法

本书的目的是提供一套理论框架，用于形式化分析和安全抽象协议的验证。特别是，我们致力于提供一套形式化语义和安全属性直观上的形式化定义。当然，还有高效率的工具支持。

首先，我们用操作语义构建了清晰的理论基础，允许我们为黑盒安全协议形式化地建模，还定义了协议所有可能的行为。接着，我们提供了已知的和新的安全属性的形式化定义。根据协议行为的形式化定义和给定的安全属性定义，允许我们校验某个属性是否符合预期目标。利用本书中介绍的一种自动化方法，我们可以检验或反证安全属性是否满足。使用这种基本方法构建的程序工具，我们可以得到安全协议间交互的结果。更进一步地，通过多方协议族的演化例子，我们说明了安全协议形式化规范的应用。

本书的面世得益于附录中列出的有关研究成果[18~20，53，55，56，58~64，113]，书中的素材还来源于一系列课程教学资料，这些教学资料曾用于苏黎世联邦理工学院、艾恩德霍芬科技大学和卢森堡大学的有关课程中。

1.4 概要

我们将简要说明本书的组织结构，以及各个章节的内容概要。本书包括5个主要的章节，每章结束后有一些练习。第 2 章给出的简要的常用数学概念符号，将在这 5 个主要章节中使用。

1.4.1 协议分析模型

第 3 章和第 4 章定义了协议分析模型。

在第 3 章中，我们给出了安全协议和它们的行为模型。借助操作语义，我们在模型中明确地制定了协议的执行。结果显示，一个基于角色的安全协议模型是否可判定取决于并发协议的数量。对于协议的安全分析，模型设立了几个清晰的假设，例如，敌手知识如何从协议描述中派生。在协议模型里，安全属性总是被建模为局部安全断言事件。

在第 4 章中，第 3 章中的模型被进一步扩展，增加了几种安全属性的定义，包括机密性和目前已知的几种认证属性。我们描绘了强身份认证的概念，称之为单射同步一致性。然后，我们给出了身份认证属性的层次关系。接着，我们用形式化定义人工地证明了 NSL 协议的安全属性。

1.4.2 模型的应用

第 5 章、第 6 章和第 7 章可以独立阅读。它们建立在第 3 章和第 4 章所定义的模型之上。每章分别突出了模型的不同应用。第 5 章通过提供工具支持强调了模型的算法特征，第 6 章描绘了使用该理论分析现存的协议，第 7 章强调了模型在协议构建中的使用。

第 5 章的标题为“验证”，介绍了一套用于检验安全属性或发现攻击的运算法则，利用该法则还能得到一个协议完整的描绘。这个运算法则在原型工具 Scyther 中实现。该工具的性能代表了目前安全协议分析的业界水准。我们运用该工具分析了大量协议。然后，我们给出了一个语法规范来建立单射同步一致性。

该原型工具还在第 6 章中使用，自动分析多协议的并行执行。这种情况在嵌入式系统中经常发生，如智能卡协议或手机应用。安全实践结果揭露了几种新的攻击，表明即使单独的两个协议是安全的，但是它们的组合未必是安全的。

第 7 章的标题为“基于 NSL 扩展的多方认证”，验证了一个具体的模型应用并描述了对应工具。在该章中，NSL 协议被扩展为身份认证协议族。我们给出了一个证明，说明 NSL 协议的扩展版本能满足既定安全属性。在扩展版本的基础上，可以设计一个高效率的多方同步协议。

在第 8 章，我们回顾了前面的内容，并且对相应工作做了展望。特别地，我们列出了一些参考资料，讨论了协议分析工作的深入内容，并给出了进阶阅读的建议。

第2章 预备知识

摘要 本章叙述了后续章节中将使用的数学概念和符号。

2.1 集合与关系

给定一个集合 T，将 $\mathcal{P}(T)$ 记为集合 T 的幕集，即所有 T 的子集的集合。T^*表示所有 T 的元素构成的有限序列的集合。这样的序列是一个包含 n 个元素的序列，其中 $t_0,t_1,\cdots,t_{(n-1)} \in T$，可以记为$\left[t_0,t_1,\cdots,t_{(n-1)}\right]$，在不至于引起混淆的情况下，也可以简单地记为 $t_0,t_1,\cdots,t_{(n-1)}$。空序列记为[]。对于序列 t 和 t'，它们的联系关系记为$t \cdot t'$。$t = t_0,t_1,\cdots,t_{(n-1)}$ 长度为 n，记为$|t|$。其中，我们把 t_i 表示为序列的第$(i+1)$个元素，这样 t_0 表示序列 t 的第一个元素。记号$e <_t e'$表示 $\exists i,j : i < j \wedge t_i = e \wedge t_j = e'$，即在序列中有前后关系的两个元素。记号 $set(t)$表示由序列 t 中的元素生成的集合，也就是说，集合 $set(t) = \{t_i \mid 0 \leqslant i < |t|\}$。沿用上面的记号，元素 $e \in t$ 表示 $e \in set(t)$。

一个元组写为(x, y)。如果想把元组的两个部件中的某个取出，可以用操作运算子 π 萃取。更严格地说，对于所有的 x 和 y 有 $\pi_1((x,y))=x$ 和 $\pi_2((x, y)) = y$。

设 f 为函数，记号 $dom(f)$表示函数 f 的定义域，$ran(f)$表示函数 f 的取值范围(即取值的上域)。记号 $f : A \rightarrow B$ 定义了一个完全函数，对于 A 中的每一个元素，根据映射关系，B 中都有一个对应的元素。$f : A \nrightarrow B$ 表示为一个部分函数，即 A 中的部分元素对应于 B 中的元素。我们说函数 f 是单射的，记为 $injective(f)$，当且仅当对于所有的 $x,x' \in dom(f)$，有 $f(x) = f(x') \Rightarrow x = x'$。

二元关系 R：$T \times T$ 为 $T \times T$ 的一个子集，满足下列特性(对于任何 $x, y, z \in T$)：

自反性(reflexivity)	$R(x,x)$
非自反性(irreflexivity)	$\neg R(x,x)$
对称性(symmetry)	$R(x,y) \Rightarrow R(y,x)$
非对称性(asymmetry)	$R(x,y) \Rightarrow \neg R(y,x)$
传递性(transitivity)	$R(x,y) \wedge R(y,z) \Rightarrow R(x,z)$
多选性(trichotomicity)	either $R(x,y), R(y,x)$, or $x = y$

令 P 为自反性、对称性或传递性的三种特性之一。令 R：$T \times T$ 为一个二元关系。定义 R 的闭包 P-closure 为最小的 R 的超集，且该超集满足 P 特性。定义 R 的传递闭包为 R^+。

一个二元关系<: $T \times T$ 是一个严格的偏序，仅当它满足非自反性、非对称性和传递性时。一个严格的全序是在一个偏序的基础上增加了多选性。

例 2.1 关系(Relations) 令 T 为集合 $\{a,b,c,d\}$，R 表示关系 $\{(a,b),(b,c),(c,d)\}$，则 R 满足非自反性和非对称性。R 的自反闭包为 $\{(a,b),(b,c),(c,d),(a,a),(b,b),(c,c),(d,d)\}$。$R$ 的传递闭包 R^+ 为 $\{(a,b),(b,c),(c,d),(a,c),(a,d),(b,d)\}$。传递闭包(具有传递性) R^+ 还满足多选性、非自反性和非对称性，因此，它是一个严格的全序。

2.2 巴科斯范式

由字符串构成的集合可以通过巴科斯(Backus-Naur Form，BNF)范式来定义[43]。一个 BNF 范式由一组派生规则组成。这样一条派生规则的左边部分称为一个符号，它表示依据派生规则定义的某个集合。用派生规则定义的 *setname* 的形式为：

$$setname ::= alt_1 \mid alt_2 \mid \cdots \mid alt_n$$

派生规则的右边部分为一系列可选项，每个可选项用垂直线分隔开。可选项为各种生成集合元素的方法，*setname* 标识在派生规则的左边。每一个可选项本身可以是一个符号、一个集合或一个字符串，以及它们的组合体。当我们把某一个选项记为 $[exp]$ 时，表示它是可选的，如果记为 $[exp]^*$ 则表示有零或零个以上的项目出现。

例 2.2 范式(Grammars) 令 *FuncName* 表示函数名称的集合，$FuncName = \{f,g,h\}$，令 *Const* 表示常量集合，$Const = \{c,d,e\}$。令符号“(”,“)”、“,”和“+”为字符串。下面的 BNF 范式定义了 *Term*，每一项由一些应用函数构成。

$$FuncApp ::= FuncName(Const\ [,\ Const]^*)$$

$$Term ::= FuncApp \mid Term + Term$$

第一条规则定义了一个应用函数，要求该函数有至少一个参数，参数间用逗号分隔。第二条规则说明每一项都来源于应用函数；另外，项由其他项递归定义而来，如右边所示，每个项间用+号分隔。

这样，*Term* 的一些元素可以表示为 $f(c)$，$f(d,d,d,c)$，$h(c)+f(d)$，以及 $g(c,c)+h(d,c)+h(d,c)+f(e,e,c,e)$。下面的字符串则不是项的元素，如：$c$, $c+c$, $f()$，以及 $f(c)+(f(d)+f(e))$。

2.3 符号变迁系统

一个符号变迁系统(Labelled Transition System，LTS)是一个四元组 $(S,L,\rightarrow,s_0)$，这里：

(i) S 是一个状态集合；

(ii) L 是一个符号集合；

(iii) $\rightarrow$：$S \times L \times S$ 是一个三元变迁关系；

(iv) $s_0 \in S$ 是初始状态。

简写关系 $(p,\alpha,q) \in \rightarrow$ 为 $p \xrightarrow{\alpha} q$。一个符号变迁系统 $P = (S,L,\rightarrow,s_0)$ 的有限执行步骤是关于状态和符号的 σ 序列交替执行过程，该序列的初始状态是 s_0，结束状态是 s_n，如果 $\sigma = [s_0,\alpha_1,s_1,\alpha_2,\cdots,\alpha_n,s_n]$，则对于 $0 \leqslant i < n$ 有 $s_i \xrightarrow{\alpha_{i+1}} s_{i+1}$。如果 $[s_0,\alpha_1,s_1,\alpha_2,\cdots,\alpha_n,s_n]$ 是符号变迁系统 P 的有限执行，则 $[\alpha_1,\alpha_2,\cdots,\alpha_n] \in L^*$ 称为 P 的一个有限迹。在本书中，约定迹的第一个元素的索引号为 1。

借助于一系列变迁规则，可以定义一个符号变迁系统。一个变迁规则定义了在具备多个前提条件 $Q_1,Q_2,\cdots,Q_n (n \geqslant 0)$ 后，可以推导出形如 $p \xrightarrow{\alpha} q$ 的结论：

$$\frac{Q_1 \quad Q_2 \quad \cdots \quad Q_n}{p \xrightarrow{\alpha} q}$$

例 2.3 符号变迁系统(LTS) 定义一个计数器的符号变迁系统。令 $S = \mathbb{B} \times \mathbb{N}$，即初始状态是一个元组，里面是一个布尔值和一个自然数。如果布尔值是 *false*，表示系统产生了一个错误。初始状态是 $s_0 = (true,0)$。符号集合定义为 $L = \{inc,dec,error,reset\}$。变迁规则有四条：

$$\frac{b = true}{(b,n) \xrightarrow{inc} (b,n+1)}, \qquad \frac{b = true \quad n > 0}{(b,n) \xrightarrow{dec} (b,n-1)},$$

$$\frac{}{(b,n) \xrightarrow{error} (false,n)}, \qquad \frac{}{(b,n) \xrightarrow{reset} (true,0)}$$

前两条规则表示系统没有错误时计数器增加或减少。计数器的值不能小于 0。后两条规则没有前提条件。第三条规则说明任何时刻都可能发生错误，计数器将进入错误处理状态。通过 reset 重置，系统进入初始状态。

下面是该符号变迁系统的一个处理例子：

$$(true,0) \xrightarrow{inc} (true,1) \xrightarrow{inc} (true,2) \xrightarrow{dec} (true,1)$$
$$\xrightarrow{error} (false,1) \xrightarrow{reset} (true,0) \xrightarrow{inc} (true,1)$$

最终生成的迹为 $[inc,inc,dec,error,reset,inc]$。

第3章 操 作 语 义

摘要 我们介绍了协议规格化的形式化语法，然后构建了在主动敌手模型下协议各种行为的操作语义。

本章在问题域分析的基础上，构建了安全协议的形式化操作语义。操作语义的主要优点在于，它能从协议的动态行为中尽可能清晰地分辨出协议描述。更进一步，该模型的特性允许我们直接处理多协议的并行执行，处理局部安全断言，把新鲜值和角色实例相绑定，以及严格定义敌手的初始化知识集。

3.1 节说明了涉及安全协议的有关概念。3.2 节定义了如何在我们的模型中描述安全协议规范。3.3 节定义了如何对给定的安全协议规范的执行建立模型。接着，在 3.4 节，我们用前述几个要素构建了一个操作语义。

3.1 问题域分析

首先分析了安全协议的一些主要概念。分析的目的是为了使设计结果更加严格，并且能把问题分解为更小的部分。

图 3.1 显示了一个图形化表示的安全协议规格例子，该例子将多次在本书中引用。这样的表示方法是基于消息序列图表(MSC)的方式，即一种符合 ITU 标准的协议规格语言[95]。

图 3.1 中描述了一个简单的通信协议，即简单机密通信协议(Simple Secret Communication，SSC)。该协议有两个通信实体，即协议发起者(*initiator*)和协议响应者(*responder*)，他们之间交换了两条消息。对于每一个通信实体，纵轴表示协议事件执行(如发送或接收消息)的顺序。第一条消息是请求(*request*)消息，由发起者产生，发送给响应者。当收到请求信息后，响应者把回应消息$\{|m|\}_k$发给协议发起者。从消息格式来看，是用密钥 k 加密某些数据 m 的。响应者最后的六边形内是协议的目的。如果响应者成功地完成了协议的执行，则协议期望确保消息 m 的机密性。

即使我们使用非形式化的直觉也能领会图 3.1 和协议的含义，但这里仍然有几个隐含的问题。例如，虽然协议试图提供通信的机密性，但同时我们也知道存在对应的威胁模型，或者说敌手模型。例如，在图 3.1 中，敌手的攻击能力没有被严格说明，也不知道敌手是否知道密钥 k。

为了更准确地理解图 3.1 和分析该协议是否确实满足预期的安全属性，我们将就安全协议和它们的正确性给出一个完整的形式化定义。为了达到这个目标，第一步是明确协议涉及的概念。

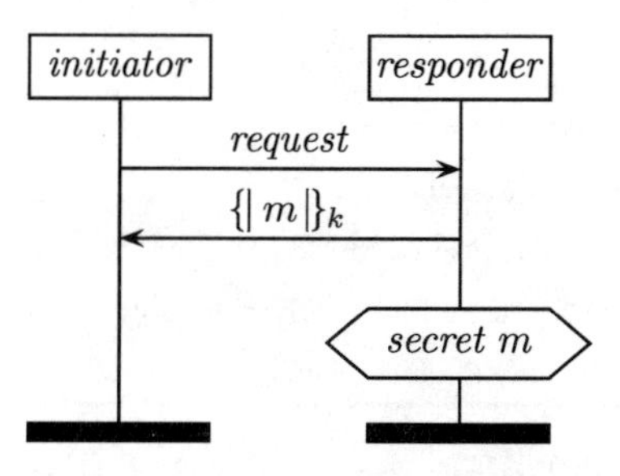

图 3.1 一个简单的通信协议

一个安全协议描述了多个行为，其中执行行为的实体被称为角色(*roles*)。在消息序列图表(MSC)中，协议的角色对应纵轴对象。在运行协议的系统中，包含大量通信实体。每个实体以一个或多个角色的身份执行多个通信实例。每一个这样的通信实例被称为一个回合(*run*)。例如，实体 Alice 可以并行地扮演多个角色，其中，两个是协议发起者而另一个是协议响应者。实体执行多回合达到某些安全目标(如秘密地交换一条消息)。当实体试图完成安全目标时，攻击者则试图从中破坏。然而，威胁不仅来源于外部。运行在某回合协议中的实体可能被敌手拉拢，并试图破坏协议中的其他实体的安全目标。为了抵御这样的攻击，协议中经常使用密码机制(cryptographic primitives)，如加密或消息散列以挫败敌手。

给定了总体描绘后，我们可以在表 3.1 中列出安全协议模型的各个基本构件。图 3.2 显示了各个构件的关系。下面简略地讨论这些构件，以及它们如何通过适当的变化来符合设计要求。

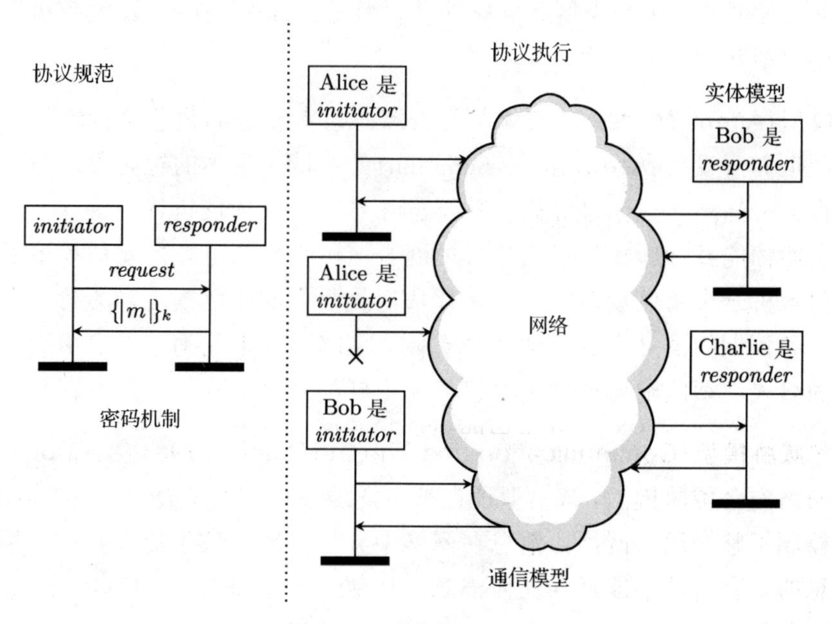

图 3.2 安全协议和执行

表 3.1 安全协议模型的基本构件

构　件	章　节
协议规范(Protocol Specification)	3.2 节
密码机制(Cryptographic Primitives)	3.2 节
实体模型(Agent Model)	3.3 节
通信模型(Communication Model)	3.3 节
威胁/敌手模型(Threat Model/Adversary Model)	3.3 节
安全需求(Security Requirements)	第 4 章

密码机制(Cryptographic Primitives) 密码机制(也称密码原语)是对数学结构的理想化处理，如加密。当论及密码机制时，我们将采用黑盒理论。我们关注这些机制的抽象化安全特性，不理会它们的实现细节。我们讨论的机制包含对称密码和非对称密码，哈希函数和数字签名。对称密码是指加密和解密消息的密钥 k 都是相同的。非对称密码机制中需要两个密钥：私钥 sk，只有拥有者知道；公钥 pk，可以对外公开。用私钥 sk 加密的消息只能用公钥 pk 解密(反之亦然)。按照黑盒理论，我们总是假设密码机制是完美的，称之为完美加密假设。这个假设意味着敌手在不知道正确密钥的情况下，从密文中无法获得任何明文信息[76]。

协议规范(Protocol Specification) 协议规范说明了每个角色在协议中的行为。协议规范按照规范语言描绘。规范语言要有足够丰富的内涵，用抽象的方式描述安全协议，而且它能够为以后协议的扩充奠定基础。它允许我们设计出高阶的推导理论和工具，并应用在系列协议族中。

角色在协议中就是事件序列，包括发送和接收消息。一个协议规范包含了创建角色时需要的初始知识、函数声明、全局常量和变量。另外，在挑战-响应机制或会话密钥中，它还包括新鲜值的产生。

实体模型(Agent Model) 实体总是按照协议中设定的角色执行动作。实体模型是基于封闭世界假设(closedworld assumption)的：诚实主体的行为不会超过协议规范中设定的行为。当然，封闭世界假设并不意味着一个实体仅执行协议的一个回合。我们假设一个实体能并行地执行任意数目的回合 (用交替的方式)。实体模型还说明了一个实体如何解析一个角色规范。一个实体依次执行它的角色规范，等待一个接收时间直至收到一条预期的消息。这要求一个实体能忽略非预期的消息。更明确地说，一条收到消息的格式必须匹配协议规范中已经制定好的消息格式。

通信和威胁模型(Communication and Threat Model) 1983 年，Dolev 和 Yao 定义了一个网络安全威胁模型，该模型现在被广泛地使用[76]。在 Dolev 和 Yao 的模型中，敌手完全控制了整个通信网络，消息在网络中异步传输。敌手能收到所有消息，试图去解析消息的内容。敌手能插入任何消息，从他/她的知识集中构造新的消息。另外，敌手还能拉拢任意协议中的通信实体，获取他们的密钥。

安全需求(Security Requirements)　安全需求说明了安全协议的目的。这里仅特指安全属性，即希望某种不好的事情永远不要发生。特别是，后面要学习机密性和多种身份认证属性。然而，在建立起语义之后，我们就能轻易地描述一系列的安全属性族。安全属性的具体细节将在第 4 章讲述。

以上提及的各个构件不是相互独立的实体。例如，协议规范使用了给定的密码机制，当敌手完全控制网络时，还和具体敌手的通信模型有关。

简略介绍完这些重要概念后，我们将依次用形式化方式定义它们。

3.2　安全协议规范

作为本章的运行实例，我们使用了 NSPK 协议(Needham-Schroeder Public-Key protocol)的简化版本[124]，简写为 NS 协议，图 3.3 描述了这个协议。协议发起者 i 拥有自己的私钥 sk(i)和协议响应者 r 的公钥 pk(r)。与此相类似，协议响应者 r 拥有自己的私钥 sk(r)和协议发起者 i 的公钥 pk(i)。规定一条消息 m 被密钥 k 加密时，记为 $\{|m|\}_k$。协议包括使用了随机新鲜值的挑战-响应机制。这样的一个新鲜值称为一个随机数(nonce)，是随机新鲜值(number used once)的简写。发起者先创建了一个新鲜的随机数 ni，如图 3.3 中的长方形所示，接着把它的实体名称 i 和随机数 ni 放在一起，用响应者的公钥 pk(r)加密，然后发给响应者。响应者收到消息后，创建新的随机数 nr，把它与随机数 ni 放在一起，用发起者的公钥 pk(i)加密发给实体 i。接下来，发起者解密信息，得到响应者创建的随机数 nr，把它用响应者的公钥 pk(r)加密后发送给响应者。

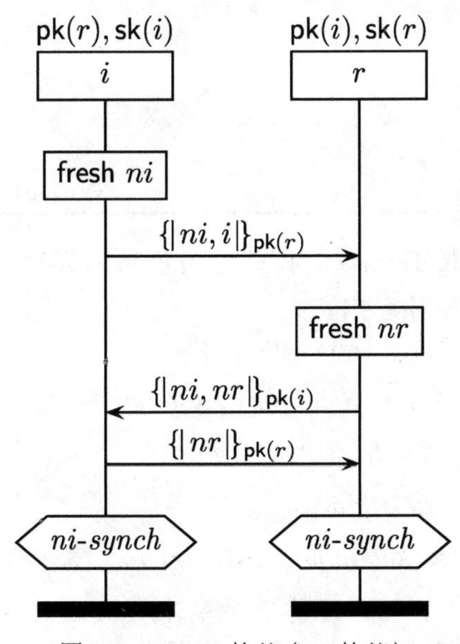

图 3.3　NSPK 协议(NS 协议)

图 3.3 中，六边形中的内容是安全断言。通信实体协议发起者和协议响应者都希望有安全断言 *ni-synch*，它表示非单射一致性(non-injective synchronisation)，即一种特定的认证形式。注意，这里的 *ni-synch* 中的“*ni*”不是随机数 *ni* 的名称。安全断言的细节将在第 4 章中叙述。

一个协议规范定义了实体间的消息项的交换。这些协议规范中的消息项和后面在执行模型中定义的消息项不一样。我们先定义角色项，角色项用于协议规范中。

3.2.1 角色项

为了构建角色项，我们先解释了一些基础元素，如新鲜值、角色和变量。接着，增加了对子结构和元组结构来构造角色项(*Role Term*)集合，这些基础元素将用在角色描述中。

定义 3.1 基本项集合(Basic Term Sets) 假设给定下列集合：

- 变量(*Var*)，存储在接收到的消息中的变量；
- 新鲜值(*Fresh*)，某个实例化的角色新近产生的数值；
- 角色(*Role*)，各种预定义的角色；
- 函数(*Func*)，带有固定参数的函数名。

表 3.2 中列出了这些集合的典型元素，在本书中将使用这些元素。

表 3.2 基础集合和典型元素

描 述	集 合	典型元素
角色项	*RoleTerm*	rt_1,rt_2
变量	*Var*	V,W,X,Y,Z
新鲜值	*Fresh*	*ni*,*nr*,*sessionkey*
角色	*Role*	i,r,s
函数	*Func*	h
函数应用		$h(m)$
长期密钥		$\mathsf{sk}(i)$, $\mathsf{pk}(i)$, $\mathsf{k}(i,r)$

定义 3.2 角色项(Role Terms) 我们把角色项的集合定义为基本项集合、函数应用扩展、元组对、加密和各种密钥。

$$
\begin{aligned}
RoleTerm ::= \ & Var \mid Fresh \mid Role \\
\mid\ & Func([\,RoleTerm\,[\,,\,RoleTerm]^*\,]) \\
\mid\ & (RoleTerm, RoleTerm) \\
\mid\ & \{\!|RoleTerm|\!\}_{RoleTerm} \\
\mid\ & \mathsf{sk}(RoleTerm) \mid \mathsf{pk}(RoleTerm) \mid \mathsf{k}(RoleTerm, RoleTerm)
\end{aligned}
$$

如果一个项不包含对子和加密，称之为基本项。函数 $vars: RoleTerm \rightarrow \mathcal{P}(Var)$ 和函数 $roles: RoleTerm \rightarrow \mathcal{P}(Role)$ 分别确定了一个项中的变量和角色。我们用下面

的简写来取消括号：$\{|a,b|\}_k$表示$\{|(a,b)|\}_k$，(a,b,c)表示$((a,b),c)$，角色项f(即无参数的函数)表示$f()$。

我们要求每个函数应用中参数的数目和函数定义中参数的数目相匹配。无参数的函数用于表示常量，如自然数42。带多个参数的函数可以用来表示哈希函数。

如果消息项被某一个项加密，则对称密码体制只能用相同的项解密，非对称密码体制则用另一互逆的密钥解密。为了说明哪一个项被用于解密，我们定义函数$()^{-1}$为一个项的逆。这样，对于每一个 $rt \in RoleTerm$，我们用rt^{-1}表示它的逆，这里的$rt^{-1} \in RoleTerm$。

本书中设定 pk 和 sk 表示非对称密钥对，这样，$\forall rt: \mathrm{pk}(rt)^{-1} = \mathrm{sk}(rt) \wedge \mathrm{sk}(rt)^{-1} = \mathrm{pk}(rt)$。对于角色$R$、$R'$，标识$\mathrm{pk}(R)$表示$R$的公开密钥，$\mathrm{sk}(R)$表示$R$的秘密私钥，则$\mathrm{k}(R,R')$表示两个角色$R$和$R'$间的对称共享密钥。

例 3.3 加密与签名(Encryption and Signing) 用一个公钥$\mathrm{pk}(R)$加密消息m可以记为$\{|m|\}_{\mathrm{pk}(R)}$。为了对一条消息签名，必须使用某个角色的私钥。有两种签名方式：一种是直接对消息签名，如$\{|m|\}_{\mathrm{sk}(R)}$，另一种是对消息摘要签名。可以通过求消息的哈希函数值h得到消息摘要，最后得到的签名格式为$(m, \{|h(m)|\}_{\mathrm{sk}(R)})$。

对于所有角色项rt[去除公钥$\mathrm{pk}(X)$加密或$\mathrm{sk}(X)$签名形式的所有X]，当把它看成一个加密密钥时，总是被作为对称密钥，即$rt^{-1} = rt$。这样，尽管我们使用了记号$\{||\}$说明所有的加密类型，但加密类型总是可以通过密钥格式来确定。注意，我们明确地允许组合加密，如$\{|rt_1|\}_{(rt_2,rt_3)}$。

后面将定义另一种项，称之为回合项。角色项和回合项一起构成了项集合$Term$。在这通用的项集合上，我们定义了一些附加的功能(辅助函数)。

首先定义了一个元组分解函数$unpair$，允许我们从元组中识别出非元组集合。

定义 3.4 Unpair 运算(Unpair Operator) 定义函数$unpair: Term \to P(Term)$:

$$unpair(t) = \begin{cases} unpair(t_1) \cup unpair(t_2), & t = (t_1, t_2) \\ \{t\}, & \text{其他} \end{cases}$$

接着介绍一种句法关系，允许我们识别一个项的各个元件。

定义 3.5 子项关系(Subterm Relation) 句法子项关系$\sqsubseteq$被定义为满足自反性、传递性的最小关系的闭包，对于下列式子，其中项 $t_1,\cdots,t_i,\cdots,t_n$，$1\leqslant i\leqslant n$，$f$表示函数名，满足：

$$\begin{array}{ll} t_1 \sqsubseteq (t_1, t_2), & t_1 \sqsubseteq \mathsf{k}(t_1, t_2), \\ t_2 \sqsubseteq (t_1, t_2), & t_2 \sqsubseteq \mathsf{k}(t_1, t_2), \\ t_1 \sqsubseteq \{|t_1|\}_{t_2}, & t_1 \sqsubseteq \mathsf{pk}(t_1), \\ t_2 \sqsubseteq \{|t_1|\}_{t_2}, & t_1 \sqsubseteq \mathsf{sk}(t_1), \\ t_i \sqsubseteq f(t_1, \cdots, t_n) & \end{array}$$

例 3.6 解配和子项(Unpairing and Subterms) 令t为项$(\{|p,q|\}_{\mathrm{sk}(R)}, (a,b), h(m))$，

对项 t 的解配结果为 $\{\{|p,q|\}_{sk(R)}, a, b, h(m)\}$。$t$ 的部分子项为：p，$sk(R)$ 和 $\{|p,q|\}_{sk(R)}$。另外，项 t 也是它自身的子项。符号 h 和 sk 不是 t 的子项。

实体仅在知道加密密钥时才能构造出加密消息，也只有在知道正确的解密密钥时才能解密一条加密信息。

定义 3.7 项推导关系(Term Inference Relation) 令 M 为一个包含多个项的集合。项推导关系 $\vdash$：$\mathcal{P}(Term) \times Term$ 定义为最小关系，对于所有的项 t、t_i 和 k，以及函数 f，满足：

$$t \in M \Rightarrow M \vdash t,$$

$$M \vdash t_1 \wedge M \vdash t_2 \Rightarrow M \vdash (t_1, t_2),$$

$$M \vdash t \wedge M \vdash k \Rightarrow M \vdash \{|t|\}_k,$$

$$M \vdash (t_1, t_2) \Rightarrow M \vdash t_1 \wedge M \vdash t_2,$$

$$M \vdash \{|t|\}_k \wedge M \vdash k^{-1} \Rightarrow M \vdash t,$$

$$\bigwedge_{1 \leqslant i \leqslant n} M \vdash t_i \Rightarrow M \vdash f(t_1, \cdots, t_n)$$

例 3.8 推导和加密(Inference and Encryptions) 令 m 和 k 为两个项，满足 $k^{-1} \neq \{|m|\}_k$。对于单独的包含项 $\{|m|\}_k$ 的集合，不可能推导出 m 或 k，即

$$\{\{|m|\}_k\} \nvdash m \wedge \{\{|m|\}_k\} \nvdash k$$

给定 $\{|m|\}_k$ 和 k^{-1}，可以推导出 m：

$$\{\{|m|\}_k, k^{-1}\} \vdash m$$

如果 k 是非对称密钥(那么 $k \neq k^{-1}$)，并且给定 $\{|m|\}_k$ 和 k^{-1}，此处 $k^{-1} \neq \{|m|\}_k$，不可能推导出 k：

$$k \neq k^{-1} \wedge k^{-1} \neq \{|m|\}_k \Rightarrow \{\{|m|\}_k, k^{-1}\} \nvdash k$$

3.2.2 协议规范

现在，让我们考虑协议行为。我们把协议描绘为多个角色的集合。一个角色包含一系列的角色事件序列。为了定义角色事件，另外给出两个不相交集合标签(*Label*)和断言(*Claim*)，这将在下面解释。

定义 3.9 角色事件(Role Events) 用符号($RoleEvent_R$)定义能被角色 R 执行的事件集合：

$$\begin{aligned} RoleEvent_R ::= \;& \mathsf{send}_{Label}(R, Role, RoleTerm) \\ \mid\; & \mathsf{recv}_{Label}(Role, R, RoleTerm) \\ \mid\; & \mathsf{claim}_{Label}(R, Claim\,[\,,\, RoleTerm]) \end{aligned}$$

集合角色事件(*RoleEvent*)包含了任何角色的事件：

$$RoleEvent = \bigcup_{R \in Role} RoleEvent_R$$

事件 $\text{send}_\ell(R,R',rt)$ 表示角色 R 发送消息 rt，预期接收方是 R'。同样，事件 $\text{recv}_\ell(R,R',rt)$ 表示角色 R' 收到消息 rt，预期发送方是 R。当角色 R 执行了一个安全断言事件时，形如 $\text{claim}_\ell(R,c,rt)$ 或 $\text{claim}_\ell(R,c)$，安全目标为 c，c 要求满足可选的参数 rt 要求。安全断言事件将在第 4 章说明。

我们认为新鲜值(如随机数)的产生是角色内置的功能，并且假设一个新鲜值总是在它第一次出现在某个事件以前产生。

标签 $\ell \in Label$ 附加于事件后面，有两个用途。第一，需要使用它们区别在一个协议规范中多个相类似的事件，这些事件多次出现。第二，它们被用于表达相应的发送和接收事件的关系。标签的作用将体现在定义 3.16 (通信关系)中，以及下一章关于认证属性的定义中。

一个角色的行为被规范为角色事件的一个事件序列。我们要求变量首次出现在所谓的可访问位置。

定义 3.10　可访问子项关系(Accessible Subterm Relation)　可访问子项关系 $\sqsubseteq_{\text{acc}}$ 被定义为一个自反的、可传递的最小关系闭包，对于所有项 t_1,t_2，满足：

$$t_1 \sqsubseteq_{\text{acc}} (t_1,t_2), \qquad t_1 \sqsubseteq_{\text{acc}} \{|t_1|\}_{t_2},$$
$$t_2 \sqsubseteq_{\text{acc}} (t_1,t_2)$$

我们认为角色事件的一个序列是良构的，要求所有变量在被某个事件使用前，就已经在一个 recv 事件的某个可访问位置初次出现。我们推广了函数 $vars$，它决定了在角色事件序列中变量如何在一个角色项中产生，$vars : RoleEvent^* \to \mathcal{P}(Var)$。这种推论是明确的。利用这个函数，我们定义了良构。

定义 3.11　良构(Well-Formedness)　谓语良构 $wellformed : RoleEvent^*$ 定义为：

$$wellformed(\rho) \Leftrightarrow \forall V \in vars(\rho) : \exists \rho', \ell, R, R', rt, \rho'' :$$
$$\rho = \rho' \cdot [\text{recv}_\ell(R, R', rt)] \cdot \rho'' \wedge V \notin vars(\rho') \wedge V \sqsubseteq_{\text{acc}} rt$$

除自身的角色事件外，一个角色的规范还包括角色的初始知识，表示为多个项的集合。角色知识对定义协议的执行并不是必需的，但是对于派生敌手知识有用，稍后将解释。

定义 3.12　角色规范(Role Specification)　给定一个角色 R，它的角色规范包含了 R 的初始知识，以及角色事件的良构序列。定义集合 $RoleSpec$ 表示所有角色规范的集合，如

$$RoleSpec = \{(m,s) \mid m \in \mathcal{P}(RoleTerm) \wedge \forall rt \in m : vars(rt) = \emptyset \wedge$$
$$s \in (RoleEvent_R)^* \wedge wellformed(s)\}$$

这样，我们要求角色的初始知识没有任何变量。

定义 3.13　协议规范(Protocol Specification)　一个协议规范表示为一个角色和角色行为的部分映射函数。我们定义所有可能的协议规范集合 $Protocol$ 为所有从

$Role \nrightarrow RoleSpec$ 的部分函数。对于每一个协议 $P \in Protocol$ 及每一个角色 $R \in Role$，$P(R)$ 为角色 R 的角色规范。

下面按照定义给出一个具体的协议 P。给出 $KN_0(R)$ 表示角色 R 在协议中的初始知识的缩写。那么，对于事件序列 s，有 $P(R) = (KN_0(R),s)$。

不失一般性，我们假设在协议规范内部角色事件是唯一可辨别的。为了达到这个要求，必须对事件强制附加标签。这样，我们定义了函数 $role: RoleEvent \to Role$，即给定一个角色事件，得到事件归属的角色。

例 3.14 角色规范（Role Specification） 下面是 NS（Needham-Schroeder protocol）协议中协议发起者的角色规范：

$$\begin{aligned} NS(i) = \Big(\, & \{i, r, ni, \mathsf{sk}(i), \mathsf{pk}(i), \mathsf{pk}(r)\}, \\ & [\mathsf{send}_1(i, r, \{\!|ni, i|\!\}_{\mathsf{pk}(r)}), \\ & \mathsf{recv}_2(r, i, \{\!|ni, V|\!\}_{\mathsf{pk}(i)}), \\ & \mathsf{send}_3(i, r, \{\!|V|\!\}_{\mathsf{pk}(r)}), \\ & \mathsf{claim}_4(i, \textit{ni-synch})] \,\Big) \end{aligned}$$

上面的协议规范对应于图 3.3 左边的角色，以及伴随该角色的事件。类似地，图 3.3 右边的角色规格说明了响应者角色的定义。

$$\begin{aligned} NS(r) = \Big(\, & \{i, r, nr, \mathsf{sk}(r), \mathsf{pk}(r), \mathsf{pk}(i)\}, \\ & [\mathsf{recv}_1(i, r, \{\!|W, i|\!\}_{\mathsf{pk}(r)}), \\ & \mathsf{send}_2(r, i, \{\!|W, nr|\!\}_{\mathsf{pk}(i)}), \\ & \mathsf{recv}_3(i, r, \{\!|nr|\!\}_{\mathsf{pk}(r)}), \\ & \mathsf{claim}_5(r, \textit{ni-synch})] \,\Big) \end{aligned}$$

注意，必须特别说明项中的哪些成分是变量（因为这些变量来源于某些接收到的消息），还要分清哪些成分是常量（常量总是由角色自身产生的）。在本例中，我们有角色集合 $Role = \{i,r\}$，新鲜值集合 $Fresh = \{ni,nr\}$，以及空的函数 $Func = \emptyset$，标签集合 $Label = \{1,2,3,4,5\}$，最后还有变量集合 $Var = \{V,W\}$。这两个角色事件序列都是良构的，因为变量 V 和 W 第一次出现都发生在接收事件中。

3.2.3 事件次序

每一个协议中的角色总是对应一个事件序列。对于角色 R，其事件序列的次序表示为 $<_R$。

定义 3.15 角色事件次序（Role Event Order） 令 R 为某个角色，其协议规范为 $P(R) = (M, [\varepsilon_1,\cdots,\varepsilon_n])$。对于 R，通过定义序列 $[\varepsilon_1,\cdots,\varepsilon_n]$，其角色事件次序 $<_R: RoleEvent \times RoleEvent$ 被定义为严格的全序。

如果角色 R 包含，如事件序列 $[\varepsilon_1,\varepsilon_2,\varepsilon_3]$，则有 $\varepsilon_1 <_R \varepsilon_2$，$\varepsilon_2 <_R \varepsilon_3$，以及 $\varepsilon_1 <_R \varepsilon_3$。

由于需要区分出不同角色，所以每一个通信被分解为一个角色发送事件，以及另一个角色接收事件，两个角色各不相同。为了把这两个对应事件联系起来，语句中使用了相同的事件标识符号，如NS协议角色规范所示。

关系表达式$\dashrightarrow$表示了事件的次序，进而驱动了协议的通信过程。

定义 3.16 通信关系(Communication Relation) 通信关系$\dashrightarrow$：$RoleEvent \times RoleEvent$被定义为：

$$\varepsilon_1 \dashrightarrow \varepsilon_2 \Leftrightarrow$$
$$\exists \ell, R, R', rt_1, rt_2 : \varepsilon_1 = \mathsf{send}_\ell(R, R', rt_1) \wedge \varepsilon_2 = \mathsf{recv}_\ell(R, R', rt_2)$$

对于所有$\varepsilon_1, \varepsilon_2 \in RoleEvent$。

这样，角色事件次序和通信关系一起说明了在一个协议规范中的所有事件的严格次序。

定义 3.17 协议次序(Protocol Order) 令P为一个带有多角色$Role$的协议。角色事件次序和通信关系共同的传递闭包称为协议次序$\prec P$：

$$\prec_P = \left(\dashrightarrow \cup \bigcup_{R \in Role} <_R \right)^+$$

例 3.18 协议次序(Protocol Order) 对前述NS协议而言，角色次序$<_i$和$<_r$表示了角色i和r的事件次序，按照角色的不同，它们被定义为严格的全序，满足：

$$\mathsf{send}_1(i, r, \{\!|ni, i|\!\}_{\mathsf{pk}(r)}) <_i \mathsf{recv}_2(r, i, \{\!|ni, V|\!\}_{\mathsf{pk}(i)})$$
$$<_i \mathsf{send}_3(i, r, \{\!|V|\!\}_{\mathsf{pk}(r)}) <_i \mathsf{claim}_4(i, ni\text{-}synch),$$
$$\mathsf{recv}_1(i, r, \{\!|W, i|\!\}_{\mathsf{pk}(r)}) <_r \mathsf{send}_2(r, i, \{\!|W, nr|\!\}_{\mathsf{pk}(i)})$$
$$<_r \mathsf{recv}_3(i, r, \{\!|nr|\!\}_{\mathsf{pk}(r)}) <_r \mathsf{claim}_5(r, ni\text{-}synch)$$

NS协议的通信关系$\dashrightarrow$为：

$$\mathsf{send}_1(i, r, \{\!|ni, i|\!\}_{\mathsf{pk}(r)}) \dashrightarrow \mathsf{recv}_1(i, r, \{\!|W, i|\!\}_{\mathsf{pk}(r)}),$$
$$\mathsf{send}_2(r, i, \{\!|W, nr|\!\}_{\mathsf{pk}(i)}) \dashrightarrow \mathsf{recv}_2(r, i, \{\!|ni, V|\!\}_{\mathsf{pk}(i)}),$$
$$\mathsf{send}_3(i, r, \{\!|V|\!\}_{\mathsf{pk}(r)}) \dashrightarrow \mathsf{recv}_3(i, r, \{\!|nr|\!\}_{\mathsf{pk}(r)})$$

协议次序$\prec_{NS}$被描绘为：

$$\begin{array}{ccc}
\mathsf{send}_1(i, r, \{\!|ni, i|\!\}_{\mathsf{pk}(r)}) & \prec_{NS} & \mathsf{recv}_1(i, r, \{\!|W, i|\!\}_{\mathsf{pk}(r)}) \\
\curlyvee_{NS} & & \curlyvee_{NS} \\
\mathsf{recv}_2(r, i, \{\!|ni, V|\!\}_{\mathsf{pk}(i)}) & \succ_{NS} & \mathsf{send}_2(r, i, \{\!|W, nr|\!\}_{\mathsf{pk}(i)}) \\
\curlyvee_{NS} & & \curlyvee_{NS} \\
\mathsf{send}_3(i, r, \{\!|V|\!\}_{\mathsf{pk}(r)}) & \prec_{NS} & \mathsf{recv}_3(i, r, \{\!|nr|\!\}_{\mathsf{pk}(r)}) \\
\curlyvee_{NS} & & \curlyvee_{NS} \\
\mathsf{claim}_4(i, ni\text{-}synch) & & \mathsf{claim}_5(r, ni\text{-}synch)
\end{array}$$

3.3 协议执行描绘

3.2 节中，我们形式化了协议规格的概念，即协议行为的静态描述。当这样的协议规格被执行后，会引入动态的特征。这些动态特征来源于实体模型和协议域分析的执行模型。为了形式化这些动态特征，需要引入一些在协议静态描绘层次中没有的新概念。

3.3.1 回合

一个协议规范描绘了一个角色集合。这些角色是系统中真实实体行为的原始蓝图。当一个协议执行时，每个实体可以多次扮演任意角色，特别是，这个实体按照并行的方式扮演多个角色。称这样一个单独的、很可能只是实体的部分行为，且按照某个角色规格来执行的过程为一个回合(*run*)。如果按照具体实现的观点，一个回合大致可以比喻为一个线程(thread)。在我们的模型中，同一个实体的两个不同回合是互相独立的，也不共享变量。

执行一个角色将把一个角色规格变为一个回合。这样的过程称为角色的实例化(instantiation)。角色可以在多回合中被多次实例化。对每一个回合赋予一个唯一回合标识符号。为了实例化一个角色，必须把实体的名字和角色的名字绑定在一起，还得确保每个实例化中产生的新鲜值是不同的。为了区别不同回合产生的新鲜值，在每个新鲜值名后附加上回合的标识。这样，不同回合中相类似的消息项就可以被区分开了。

回合的消息项类似于角色中的项。有两个主要不同点：第一个是回合中的新鲜值、角色和变量必须和回合标识绑定；第二个是变量和角色可以被某一个初等项实例化。当一个回合项中不包含任何变量和角色名时，称它是初等(ground)的。另外，回合项集合还包含了基本回合项的敌手新鲜值(*AdversaryFresh*)集合，由攻击者产生。这样的敌手集合将在 3.3.4 节使用，后面将讲述。

现在，给定集合 *RID* 表示回合标记号，集合 *Agent* 表示多个实体。

定义 3.19 回合消息项(Run Terms) 按照以下形式定义回合项集合：

$$
\begin{aligned}
RunTerm ::=\ & Fresh^{\sharp RID} \\
\mid\ & Role^{\sharp RID} \\
\mid\ & Var^{\sharp RID} \\
\mid\ & Agent \\
\mid\ & Func(\,[RunTerm\,[\,,\,RunTerm]^*]\,) \\
\mid\ & (RunTerm, RunTerm) \\
\mid\ & \{\!|RunTerm|\!\}_{RunTerm} \\
\mid\ & AdversaryFresh \\
\mid\ & \mathsf{pk}(RunTerm) \mid \mathsf{sk}(RunTerm) \mid \mathsf{k}(RunTerm, RunTerm)
\end{aligned}
$$

在回合消息项(*RunTerm*)中扩展了逆函数 function^{-1}。表 3.3 中给出了一些基本回合项集中的典型元素，以及对应的集合名称。

对于每一个回合，角色项和回合项间有一个对应关系。如前所述，这个对应关系包含三个元素：项所绑定的回合、某个实体的角色化实例、变量的实例。

表 3.3 基本回合项集和典型元素

描 述	集 合	典型元素
回合消息项	*RunTerm*	t_1,t_2
新鲜值实例		$ni^{\#1}, nr^{\#2}, sessionkey^{\#1}$
代理	*Agent*	A,B,C,S,E

定义 3.20 实例(Instantiations) 一个角色项可以通过实例化转变为一个回合项，实例集合为 *Inst*，定义为：

$$RID \times (Role \nrightarrow Agent) \times (Var \nrightarrow RunTerm)$$

通常可以从实例中提取出第一个元素，即回合标识。使用记号 $runidof(inst)$ 表示一个实例中的回合标识。

定义 3.21 项实例(Term Instantiation) 令 $inst \in Inst$ 表示一个实例，这里的 $inst = (\theta, \rho, \sigma)$，令 $f \in Func$，令 $rt, rt_1, \cdots, rt_n$，b 为多个角色项，有 $roles(rt) \subseteq dom(\rho)$ 且 $vars(rt) \subseteq dom(\sigma)$。我们定义了实例 $\langle inst \rangle : RoleTerm \rightarrow RunTerm$，通过：

$$\langle inst \rangle(rt) = \begin{cases} n^{\sharp\theta}, & rt = n \in Fresh \\ \rho(R), & rt = R \in Role \wedge R \in dom(\rho) \\ R^{\sharp\theta}, & rt = R \in Role \wedge R \notin dom(\rho) \\ \sigma(v), & rt = v \in Var \wedge v \in dom(\sigma) \\ v^{\sharp\theta}, & rt = v \in Var \wedge v \notin dom(\sigma) \\ f\big(\langle inst \rangle(rt_1), \cdots, \langle inst \rangle(rt_n)\big), & rt = f(rt_1, \cdots, rt_n) \\ (\langle inst \rangle(rt_1), \langle inst \rangle(rt_2)), & rt = (rt_1, rt_2) \\ \{\!|\langle inst \rangle(rt_1)|\!\}_{\langle inst \rangle(rt_2)}, & rt = \{\!|rt_1|\!\}_{rt_2} \\ \mathsf{sk}(\langle inst \rangle(rt_1)), & rt = \mathsf{sk}(rt_1) \\ \mathsf{pk}(\langle inst \rangle(rt_1)), & rt = \mathsf{pk}(rt_1) \\ \mathsf{k}(\langle inst \rangle(rt_1), \langle inst \rangle(rt_2)), & rt = \mathsf{k}(rt_1, rt_2) \end{cases}$$

例 3.22 项实例(Term Instantiation) 我们给出两个在协议执行中的实例化例子：

$$\langle 1, \{i \mapsto A, r \mapsto B\}, \emptyset \rangle(\{\!|ni, i|\!\}_{\mathsf{pk}(r)}) = \{\!|ni^{\sharp 1}, A|\!\}_{\mathsf{pk}(B)}$$

$$\langle 2, \{i \mapsto C, r \mapsto D\}, \{W \mapsto ni^{\sharp 1}\} \rangle(\{\!|W, nr, r|\!\}_{\mathsf{pk}(i)}) = \{\!|ni^{\sharp 1}, nr^{\sharp 2}, D|\!\}_{\mathsf{pk}(C)}$$

定义 3.23 回合(Run) 所有可能的回合构成的集合定义为 $Run = Inst \times RoleEvent^{*}$。

3.3.2 匹配

当角色项出现在某个协议规范的接收事件中时，它们定义了能被实体接收的回合项。通过定义匹配谓语对关系：$Inst \times RoleTerm \times RunTerm \times Inst$ 予以形式化说明。该谓语的目的是在一个给定的上下文实例中，用一个正在接收的消息(第三个参数)匹配另一个特定模式的角色项（第二个参数)。这个特定模式已经被实例化(第一个参数)，但是可能仍然包含一些自由变量。这样，特定的值与自由变量相对应，接收到的消息等价于实例化的角色项。最初的实例在扩展了这些新的参数后，演化为最终的实例(第四个参数)。

我们假设已经给定一个 *type* 函数，$type: Var \to \mathcal{P}(RunTerm)$，结果为回合项的集合，这些回合项表示从某个变量提取的多个有效变量。很快在后面会发现，该函数的定义依赖于实体模型。

定义 3.24　匹配(Match)　对于所有的 $inst = (\theta, \rho, \sigma)$，$inst' = (\theta', \rho', \sigma') \in Inst$，$pt \in RoleTerm$，而且 $m \in RunTerm$，若要断言 $\text{Match}(inst, pt, m, inst')$ 成立，当且仅当 $\theta = \theta'$，$\rho = \rho'$，以及：

$$\langle inst' \rangle (pt) = m \wedge$$

$$\forall v \in dom(\sigma') : \sigma'(v) \in type(v) \wedge$$

$$\sigma \subseteq \sigma' \wedge$$

$$dom(\sigma') = dom(\sigma) \cup vars(pt)$$

匹配的定义有多个作用：(a)确保了给定的实例和消息是一致的；(b)实例是良构的；(c)新的变量参数扩展了旧实例；(d)实例的扩展局限于新变量的增加，这些新变量必须在给定的模式中。

type 函数的定义依赖于实体模型。例如，当预期一个新鲜值时，实体可能得到任意一个带有实体名称和加密消息的比特串。还有一种选择是，具体的实现可以在消息中附加类型标志，确保实体名称能从随机数中被分辨出来。通过使用不同的 *type* 函数定义，这些要求能在模型中满足。下面提供了三种可能的定义。

第一个 *type* 函数定义对应的实现表示：某个接收消息的类型被确定，变量只能被非元组化或非复合加密的项实例化。

定义 3.25　类型匹配(Type Matching)　对于所有的变量 V，有：

$$type(V) \in \{S_1, S_2, S_3, S_4, S_5\}，其中$$

$$S_1 ::= Agent,$$

$$S_2 ::= Func(\,[RunTerm\,[\,,\,RunTerm]^*]\,);$$

$$S_3 ::= \mathsf{pk}(RunTerm) \mid \mathsf{sk}(RunTerm),$$

$$S_4 ::= \mathsf{k}(RunTerm, RunTerm),$$

$$S_5 ::= Fresh^{\sharp RID} \mid AdversaryFresh$$

接下来定义基于项构造器的另一种匹配的定义。

定义 3.26　构造匹配(Constructor Matching)　对于所有的变量 V，有：

$$type(V) \in \{T_1, T_2, RunTerm \setminus (T_1 \cup T_2)\}, \text{其中}$$
$$T_1 ::= \{|RunTerm|\}_{RunTerm},$$
$$T_2 ::= (RunTerm, RunTerm)$$

在上述定义中，匹配谓语无法分辨出实体名字和随机数。例如，在一个接收事件中，接收者期望获得的随机数项是一条包含实体名称的消息。

前两种环境中，不同的类型可以互相区别。第三种定义仅有一种类型，对应于实体模型中的无类型检测。

定义 3.27 无类型匹配(No Type Matching) 对于所有的变量 V，有

$$type(V) = RunTerm$$

这里，一个变量可以匹配任何项。例如，可以表示一个实例化的元组。

除非特别说明，我们总是假设类型匹配定义是定义 3.25 代表的含义。

例 3.28 匹配(Match) 假设 $\rho = \{i \mapsto A, r \mapsto B\}$，令类型 $type(X) = S_5$，在下面的例子中，谓语表达式为真:

	inst	pt	m	inst'
Match(	$(1,\rho,\emptyset)$,	X,	$nr^{\#2}$,	$(1,\rho,\{X \mapsto nr^{\#2}\}))$
Match(	$(1,\rho,\emptyset)$,	$\{\|ni,r\|\}_{pk(i)}$,	$\{\|ni^{\#1},B\|\}_{pk(A)}$,	$(1,\rho,\emptyset))$

在第一行，第一个参数 X 还没有被实例化。这样，实体期望收到类型 S_5 的消息，消息中的 $nr^{\#2}$ 为一个元素。因此，该消息匹配预定模式，把接收到的消息中的 $nr^{\#2}$ 指派给 X。

第二行的模式包含一个角色名 r 和一个新鲜值 ni，然后用角色 i 的公钥加密。从实例假设 ρ 中可知，本回合中角色 r 对应 B，角色 i 对应 A。此外，新鲜值带有的唯一回合标识为 1。因此，消息完全匹配预定模式。

接下来给出一些例子，对于任何实例，这些谓语断言不成立:

	inst	pt	m	Inst'
$\neg$ Match(	$(1,\rho,\emptyset)$,	nr,	$nr^{\#2}$,	inst')
$\neg$ Match(	$(1,\rho,\emptyset)$,	X,	$(nr^{\#2},ni^{\#1})$,	inst')
$\neg$ Match(	$(1,\rho,\emptyset)$,	$\{\|ni,i\|\}_{pk(i)}$,	$\{\|ni^{\#1},B\|\}_{pk(A)}$,	inst')

第一行，回合 1 期望收到它自己的新鲜值 $nr^{\#1}$。第二行，消息不匹配变量 X 的类型。第三行，加密的密钥正确，但是预期实体名字应该是 A，而消息 m 中的实体名称是 B。

3.3.3 回合事件

为了定义协议的行为，引入了协议描绘(如角色和他们的事件)说明协议的执行(如角色事件的实例)。我们把一个角色事件的实例称为一个回合事件。

定义 3.29　回合事件(Run Event)　定义回合事件集合 *RunEvent* 为：

$$Inst \times (RoleEvent \cup \{\mathsf{create}(R) \mid R \in Role\})$$

增加的 create 事件用于表示创建说明，即在操作语法上某个角色创建了一个回合。

针对回合事件，我们扩展了 3.2.2 节中的角色(*role*)函数的含义，这里，创建事件的角色被定义为创建角色，其他事件的角色被定义为对应的角色事件的角色。

我们用 *RecvRunEv* 表示对应于接收事件的回合事件集合，用 *SendRunEv* 表示对应的发送事件，用 *ClaimRunEv* 表示协议断言事件。这样，加上 create 创建事件，这些集合共同构成了回合事件集合 *RunEvent*。接着，对于发送和接收回合事件，我们定义了一个事件内容(*content*)萃取函数。

定义 3.30　事件内容(Contents of Event)　定义函数 $cont$: $(RecvRunEv \cup SendRunEv) \rightarrow RunTerm$，结果表示事件的内容，如

$$cont((inst, \mathsf{send}_\ell(R, R', m))) = \langle inst \rangle(R, R', m),$$

$$cont((inst, \mathsf{recv}_\ell(R, R', m))) = \langle inst \rangle(R, R', m)$$

一个协议描绘中允许创建多个回合。通过函数 *runsof* 可以创建多个回合。

定义 3.31　可能的回合(Possible Runs)　对于角色 $R \in dom(P)$ 及给定某个协议 P，函数 *runsof* 创建所有可能的回合。定义函数 $runsof$: $Protocol \times Role \rightarrow \mathcal{P}(Run)$ 为：

$$runsof(P, R) = \{((\theta, \rho, \emptyset), s) \mid s = \pi_2(P(R)) \land \theta \in RID \land dom(\rho) = roles(s) \land ran(\rho) = Agent\}$$

定义 3.32　活跃回合标识(Active Run Identifiers)　给定多个回合构成的集合 F，定义活跃回合标识集为：

$$runIDs(F) = \{\theta \mid ((\theta, \rho, \sigma), s) \in F\}$$

目前，我们几乎定义了协议执行建模所需的所有元素。对于威胁模型的定义，将在稍后讨论。

3.3.4　威胁模型

在我们的语义中，敌手模型类似于 Dolev-Yao 敌手模型(参见参考文献[76])。我们总是假设敌手具有完全控制通信网络的能力。这样，敌手能够获取任何网络上的消息、拦截消息、按照敌手的意愿修改消息。此外，在我们的模型中假设一部分用户实体能被敌手攻陷，这种情况下敌手可以获取被攻陷用户的所有知识。这样，敌手就能在网络上伪装为某个被攻陷的、真实的用户。

用户实体集合(*Agent*)现在可以分为两个集合：集合 $Agent_H$(表示诚实可靠的实体)和 $Agent_C$ (表示被攻陷的实体)。我们总是用名称 E (Eve) 表示某个被攻陷的实体，如 $E \in Agent_C$。用户不知道哪些实体是可信赖的，哪些实体是不可靠的。这样，诚实实体可能和被攻陷实体发起协议回话，或者接受被攻陷实体的请求。

从协议描绘中可推断出初始敌手知识，并且定义为多个项的一个集合，这些项表示被攻陷实体在执行协议开始时间知道的初始知识。

定义 3.33 初始敌手知识(Initial Adversary Knowledge) 对于某个协议 P，我们定义初始敌手知识集 $AKN_0(P)$ 为多个敌手产生的新的消息项集合，包括实体名称、协议中扮演任何角色的被攻陷实体的初始知识：

$$AKN_0(P) = AdversaryFresh \cup Agent \cup \bigcup_{\substack{R \in Role \\ \rho \in Role \to Agent \\ \rho(R) \in Agent_C}} \left\{ \langle \theta, \rho, \varnothing \rangle (rt) \mid \theta \in RID \wedge rt \in KN_0(R) \wedge \forall rt' \sqsubseteq rt : rt' \notin Fresh \right\}$$

对于所有在协议描绘中出现的变量 v，我们规定存在无限的消息项 t，消息项可根据初始敌手知识集产生，这样有 $t \in type(v)$。我们还规定初始敌手知识中不包含协议开始后由其他实体产生的新鲜的消息项，这一点在上述定义公式的右边清晰地标识出来了。

例 3.34 初始敌手知识(Initial Adversary Knowledge) 针对 NS 协议(见例 3.14)，有：

$$AKN_0(NS) = AdversaryFresh \cup Agent \cup \left\{ \mathsf{pk}(A) \mid A \in Agent \right\} \cup \left\{ \mathsf{sk}(A) \mid A \in Agent_C \right\}$$

在这个例子，各个角色拥有各自的初始知识，且都可能会出现在敌手的初始知识 $AKN_0(NS)$ 中。例如角色 i，初始知识是 $KN_0(i)=\{i, r, \mathsf{sk}(i), \mathsf{pk}(i), \mathsf{pk}(r)\}$。现在，当某个被拉拢的实体扮演这样的角色时，我们有 $\rho(i) \notin Agent_H$。对于通信的另一方没有这样的限制，则 $\rho(r) \in Agent$。由于角色知识集里包含 R 的公钥 $\mathsf{pk}(r)$，所以被攻陷实体窃取了所有实体的公钥。最后，因为 $\mathsf{sk}(i) \in KN_0(i)$，所以被攻陷实体的私人密钥也被敌手所获知。

3.4 操作语义

现在，我们可以使用一个标签变迁系统 $(State, RunEvent, \rightarrow, s_0(P))$ 来定义安全协议的操作语义。

定义 3.35 状态(State) 在一个安全协议中，网络上扮演某种角色实体的状态集合定义为：

$$State = \mathcal{P}(RunTerm) \times \mathcal{P}(Run)$$

状态的前面部分对应当前敌手知识集，其余部分表示将要执行的回合。

定义 3.36 初始状态(Initial State) 协议的初始化状态定义为：

$$s_0(P) = \langle\langle AKN_0(P), \varnothing \rangle\rangle$$

在系统的初始状态还没有开始任何回合，因此系统的初始状态就是初始敌手知识集和空的回合集。

变迁关系遵从表 3.4 的变迁规则。这 4 条规则有相同的结构。在每条规则中，结论部分的左边表示状态《 AKN,F 》，这里的 AKN 表示当前入侵者的知识集，而 F 表示当前所有在运行的回合。如果前提条件成立，系统将从左边的状态变迁到右边的状态。新的状态总是包含活动回合集的更新，当然也包括可能的入侵者知识集的更新。变迁系统用回合事件的执行表示。

表 3.4 操作语义规则

$$[create_P]\frac{R\in dom(P)\quad ((\theta,\rho,\emptyset),s)\in runsof(P,R)\quad \theta\notin runIDs(F)}{\langle\langle AKN,F\rangle\rangle \xrightarrow{((\theta,\rho,\emptyset),\mathsf{create}(R))} \langle\langle AKN,F\cup\{((\theta,\rho,\emptyset),s)\}\rangle\rangle}$$

$$[send]\frac{e=\mathsf{send}_\ell(R_1,R_2,m)\quad (inst,[e]\cdot s)\in F}{\langle\langle AKN,F\rangle\rangle \xrightarrow{(inst,e)} \langle\langle AKN\cup\{\langle inst\rangle(m)\},(F\setminus\{(inst,[e]\cdot s)\})\cup\{(inst,s)\}\rangle\rangle}$$

$$[recv]\frac{e=\mathsf{recv}_\ell(R_1,R_2,pt)\quad (inst,[e]\cdot s)\in F\quad AKN\vdash m\quad \mathrm{Match}(inst,pt,m,inst')}{\langle\langle AKN,F\rangle\rangle \xrightarrow{(inst',e)} \langle\langle AKN,(F\setminus\{(inst,[e]\cdot s)\})\cup\{(inst',s)\}\rangle\rangle}$$

$$[claim]\frac{e=\mathsf{claim}_\ell(R,c)\vee e=\mathsf{claim}_\ell(R,c,t)\quad (inst,[e]\cdot s)\in F}{\langle\langle AKN,F\rangle\rangle \xrightarrow{(inst,e)} \langle\langle AKN,(F\setminus\{(inst,[e]\cdot s)\})\cup\{(inst,s)\}\rangle\rangle}$$

创建规则($create_P$)表示在任何状态下，依据可能的回合集 $runsof(P,R)$ (参见定义 3.31)，一个新的回合被创建。唯一的要求就是新回合的回合标识 θ 不能出现在已有的回合 F 中。

发送规则($send$)的前提表示，在已有的回合集 F 中，已经存在一个回合，它的下一步是发送事件。发送事件发生后，敌手能获取发送信息；接着回合进入下一步骤。

接收规则($recv$)的前提表示，在已有的回合集 F 中，存在一个回合，它的下一步是接收事件。它和发送规则的区别是变迁仅在敌手按照模式 pt 试图去匹配和识别出消息 m 时成立。如果模式 pt 包含以前的未绑定变量，则它们现在被更新为新实例，即 $inst$ to $inst'$。注意，敌手并没有获知新的信息，接着回合继续下一步。

断言规则($claim$)的前提表示，在已有的回合集 F 中，存在一个回合，它的下一步是安全断言事件。断言仅表示回合的继续，对状态没有影响。下一章将解释断言事件的目的。

上述定义的一个变迁系统的有限执行基本形式为 $\xi=[s_0,\alpha_1,s_1,\alpha_2,\cdots,\alpha_n,s_n]$，这里的 α_i 表示回合事件，$s_i=$《AKN_i,F_i》表示状态。符号 $AKN(\xi)$ 表示在系统执行 ξ 后的敌手知识集，即 $AKN(\xi)=AKN_n$。

对于变迁系统的每一个有限迹(finite trace) $t=[\alpha_1,\alpha_2,\cdots,\alpha_n]$，总有一个唯一的执行变迁过程$[s_0,\alpha_1,s_1,\alpha_2,\cdots,\alpha_n,s_n]$。这允许我们从迹的执行中不断扩充敌手知识 AKN。

我们定义 $traces(P)$ 为关于协议 P 的标签变迁系统的有限迹的集合。

3.5 协议规范实例

在图 3.4 中，我们用本章介绍的记号展示说明了 NS 协议。

例 3.37 NS 协议迹实例(Example Trace of the *NS* Protocol) 令 ρ 定义为:

$$\rho = \{i \mapsto A, r \mapsto B\}$$

这里的$\{A, B\} \subseteq Agent$。下面的迹说明了两个实体 A 和 B 之间的协议执行过程。

$$\begin{aligned}
&[((1,\rho,\emptyset),\mathsf{create}(i)),\\
&((1,\rho,\emptyset),\mathsf{send}_1(i,r,\{\!|ni,i|\!\}_{\mathsf{pk}(r)})),\\
&((2,\rho,\emptyset),\mathsf{create}(r)),\\
&((2,\rho,\{W\mapsto ni^{\sharp 1}\}),\mathsf{recv}_1(i,r,\{\!|W,i|\!\}_{\mathsf{pk}(r)})),\\
&((2,\rho,\{W\mapsto ni^{\sharp 1}\}),\mathsf{send}_2(r,i,\{\!|W,nr|\!\}_{\mathsf{pk}(i)})),\\
&((1,\rho,\{V\mapsto nr^{\sharp 2}\}),\mathsf{recv}_2(r,i,\{\!|ni,V|\!\}_{\mathsf{pk}(i)})),\\
&((1,\rho,\{V\mapsto nr^{\sharp 2}\}),\mathsf{send}_3(i,r,\{\!|V|\!\}_{\mathsf{pk}(r)})),\\
&((1,\rho,\{V\mapsto nr^{\sharp 2}\}),\mathsf{claim}_4(i,\textit{ni-synch})),\\
&((2,\rho,\{W\mapsto ni^{\sharp 1}\}),\mathsf{recv}_3(i,r,\{\!|nr|\!\}_{\mathsf{pk}(r)})),\\
&((2,\rho,\{W\mapsto ni^{\sharp 1}\}),\mathsf{claim}_5(r,\textit{ni-synch}))\ ]
\end{aligned}$$

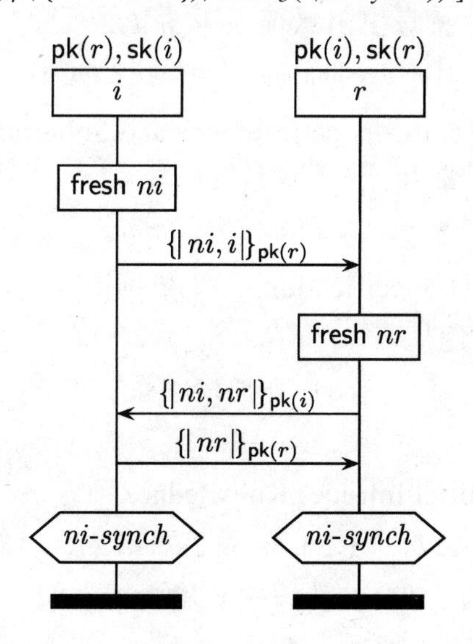

$Role = \{i, r\}$ $\quad Fresh = \{ni, nr\}$ $\quad Var = \{V, W\}$

$$\begin{aligned}
NS(i) = (&\{i, r, ni, \mathsf{sk}(i), \mathsf{pk}(i), \mathsf{pk}(r)\},\\
&[\mathsf{send}_1(i, r, \{\!|ni, i|\!\}_{\mathsf{pk}(r)}),\\
&\mathsf{recv}_2(r, i, \{\!|ni, V|\!\}_{\mathsf{pk}(i)}),\\
&\mathsf{send}_3(i, r, \{\!|V|\!\}_{\mathsf{pk}(r)}),\\
&\mathsf{claim}_4(i, \textit{ni-synch})])
\end{aligned}
\qquad
\begin{aligned}
NS(r) = (&\{i, r, nr, \mathsf{sk}(r), \mathsf{pk}(r), \mathsf{pk}(i)\},\\
&[\mathsf{recv}_1(i, r, \{\!|W, i|\!\}_{\mathsf{pk}(r)}),\\
&\mathsf{send}_2(r, i, \{\!|W, nr|\!\}_{\mathsf{pk}(i)}),\\
&\mathsf{recv}_3(i, r, \{\!|nr|\!\}_{\mathsf{pk}(r)}),\\
&\mathsf{claim}_5(r, \textit{ni-synch})])
\end{aligned}$$

$$\begin{aligned}
AKN_0(NS) = {}&AdversaryFresh \cup Agent \cup\\
&\{\mathsf{pk}(A) \mid A \in Agent\} \cup \{\mathsf{sk}(A) \mid A \in Agent_C\}
\end{aligned}$$

图 3.4 NS 协议规范概要

3.6 思考题

3.1 安全域分析(Domain Analysis) 对下列每个真实世界模型中的物品，说明它们属于安全领域的何种元素。

(i)一张不支持多线程的智能卡。

(ii)虚拟 VPN 网络，确保安全通信。

(iii)一个账号在三次登录尝试后被锁定。

(iv) 某个实体否认接收到一封邮件。

3.2 解配和子项(Unpairing and Subterms)

(i)解配 $((\{|P|\}_{k(R,R')},h(a,b)))$。

(ii)给出所有解配集合 $((\{|P|\}_{k(R,R')},h(a,b)))$ 的子项。

(iii)设计一个角色项 rt，要求 rt 的所有子项都在 $unpair(rt)$ 中。

(iv)证明对于每个角色项 rt，解配操作 $unpair(rt)$ 后的元素都是 rt 的子项。

3.3 知识推导(Knowledge Inference)

证明可以从下列集合中推导出消息项 m 和 $h(k)$：

$$\left\{\{|m|\}_{\mathsf{k}},\ \{|\mathsf{k}|\}_{\mathsf{pk}(b)},\ \{|h(k)|\}_{m},\ \mathsf{sk}(b)\right\}$$

3.4 知识推导和子项(Knowledge Inference and Subterms)

(i)设计角色项 s 和 t，要求 $\{s\}\vdash t$ 但不是 $t\sqsubseteq s$。

(ii)设计角色项 s 和 t，要求 $t\sqsubseteq s$ 但不是 $\{s\}\vdash t$。

3.5 协议规范(Protocol Specification) 依据图 3.1 的 SSC 协议：

(i)给出 SSC 协议的角色规范。

(ii)确定事件顺序$<_{initiator}$，$<_{responder}$和通信关系$\dashrightarrow$。

(iii)确定协议顺序$\prec_{SSC}$。

3.6 初始敌手知识(Initial Intruder Knowledge)

按照上一题中的 SSC 协议，确定初始敌手知识 $AKN_0(SSC)$。

3.7 迹(Traces) 构造在 NS 协议中长度大于 5 的一个迹。

3.8 敌手知识集演化(Evolution of the Adversary Knowledge) 说明敌手知识集是非递减的。

第4章　安 全 属 性

摘要　我们在模型中介绍和形式化了安全属性。特别地，重点讨论了机密性和几种认证属性的形式。最后我们审阅了 NS 协议的安全属性。

前几章中，我们介绍了一个协议模型，用于表示协议描绘和迹事件的执行。本章，我们将在模型中增加安全属性的形式化分析。

4.1 节定义了安全断言事件(claim events)的概念。4.2 节定义了机密性属性。4.3 节展示了几种认证属性的格式。4.4 节建立了认证属性的继承关系。

4.1　安全断言事件属性

我们把安全属性看成安全协议的基本组成要素，一个安全协议如果不能明确其确切的、既定的安全属性，则很难称其为安全的协议。在安全模型中，我们在协议规范中集成了安全属性，称之为安全断言事件(claim events)。

安全断言事件是局部性的：实体仅具备当前系统状态的一部分，这些状态的获知基于它们收到的消息。协议最终希望每个实体能依据自己获知的部分状态信息确定系统全局状态的某些安全属性。例如，某个消息项不会出现在敌手知识集中，或者确定某个特定实体是活动的。

我们先从直观上理解安全断言事件，然后给出形式化的定义。直观上，“某个项的机密性”意味着如果一个实体和其他可信的实体通信，则在每个协议事件迹中，该信息项都是机密的。

让我们考虑图 4.1 中的 OSS 协议。如果一个实体按照协议发起者 *i* 的角色完成了所有通信，同时接收方是一个诚实实体，则可以确认它创建的消息项 *ni* 是机密的。因为这个随机数用既定接收者的公钥加密，而且接收者是可靠的，所以仅有该接收者可以解密收到的信息。任何回合中，只要角色 *i* 和另一个可靠实体完成通信，该回合中产生的随机数 *ni* 就不会被敌手知道：这时，我们认为断言 *secret ni* 成立，即 *ni* 是机密的。

然而，这并不意味着协议能确保某些特定形式的全局机密性。特别地，如果某个实体按照响应者的角色执行协议，该实体假设或者说希望协议另一方是诚实的，否则上面的协议无法确保收到的消息项是机密的。协议中打叉的断言标识了一个无法达成的断言事件。图 4.2 展示了对 OSS 协议的一个攻击。实体 *A* 以响应者的角色执行协议，收到一条被宣称为某个诚实实体 *B* 发来的消息。然而，这个消息实际上是敌手产生的。因为敌手知道 *A* 的公钥，所以他可以创建一条符合 *A* 期待格式的消息，这里的随机数是敌手创建的 ne。实体 A 将接收这条消息，尽管这里并没有对消息的来源认证。那么，我们称角色 r 的断言事件 $secret\ ni$ 不成立。这样的一个证伪过程实际上就是一个攻击。

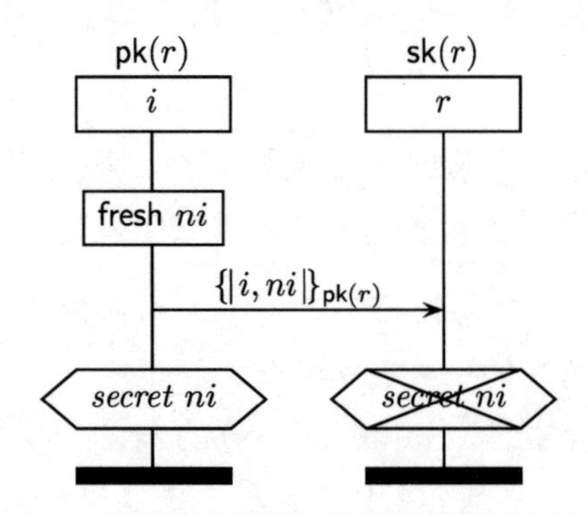

图 4.1 一个具备正确断言和不正确断言的协议

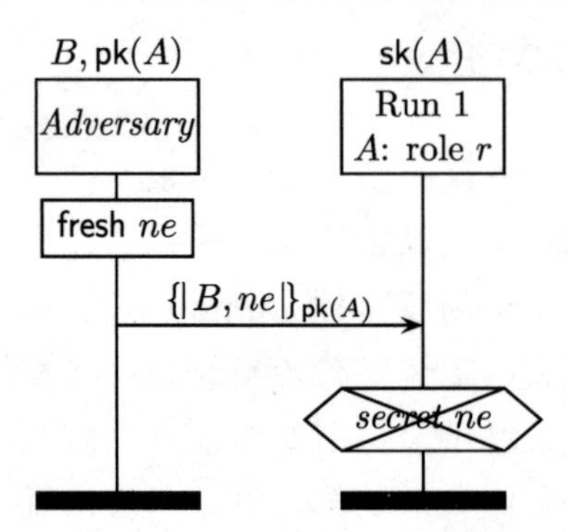

图 4.2 一个对响应者机密性断言的攻击

角色 i 的断言事件结果是正确的，而角色 r 的断言事件结果则无法成立，这说明了关于不同角色的局部安全结论的差异。

我们定义了辅助谓语 *honest*，表示在给定的一个角色事件实例中，预期的通信者和实体诚实无误地执行协议。

定义 4.1 诚实(Honest) 谓语断言诚实(*honest*)定义实例为：

$$honest((\theta, \rho, \sigma)) \iff ran(\rho) \subseteq Agent_H$$

我们定义了参与者萃取函数(*actor*)，可以从一个给定的回合事件中找出对应的实体。

定义 4.2 参与者萃取(Actor) 函数 $actor{:}Inst \times RoleEvent \rightarrow Agent$ 被定义为：

$$actor((\theta, \rho, \sigma), \varepsilon) = \rho(role(\varepsilon))$$

4.2 机密性

第一个定义的安全属性是机密性。机密性表示当消息是在不安全的信道上传输时，某个特定的消息内容无法被敌手获知。机密性安全断言事件写为 $\text{claim}_\ell(R, secret, rt)$，这里的 ℓ 表示事件标识，R 是事件执行者，rt 是机密项。机密项内容敌手无法获知。

当然，在第 3 章给出的特定关系中，如果一个诚实实体和另外被攻陷的实体交换机密信息，实际上该信息被泄露给了敌手。在这种情况下，尽管机密项不是机密的，但不能说协议就一定被攻陷。这样，一个消息项的机密性断言会成立：当通信双方都是诚实实体时，机密信息就不会被泄露给敌手。

定义 4.3 机密性断言(Secrecy Claim) 令协议 P 带有角色 R。机密性断言事件 $\gamma = \text{claim}_\ell(R, secret, rt)$ 成立当且仅当：

$$\forall t \in traces(P): \forall((\theta, \rho, \sigma), \gamma) \in t:$$
$$honest((\theta, \rho, \sigma)) \Rightarrow AKN(t) \nvdash \langle\theta, \rho, \sigma\rangle(rt)$$

该定义表示协议中的机密性断言 γ 成立当且仅当对所有迹满足：每一个回合中的角色都能匹配为诚实实体，当宣称某一个项的机密性断言时，敌手无法从知识集中推断出该项的内容。

任何角色项都可以有机密性断言，其中也包括变量。例如，在 OSS 协议(见图 4.1)中就能找到一个关于响应者角色的某个变量的机密性断言的例子。

例4.4 可以从形式化的角度上观察OSS协议中响应者的机密性断言是不成立的。首先，考虑 OSS 协议规范：

$$OSS(i) = \big(\{i, r, ni, \text{pk}(r)\}, [\text{send}_1(i, r, \{\!|\, i, ni \,|\!\}_{\text{pk}(r)}), \text{claim}_2(i, secret, ni)]\big)$$

$$OSS(r) = \big(\{i, r, \text{sk}(r)\}, [\text{recv}_1(i, r, \{\!|\, i, W \,|\!\}_{\text{pk}(r)}), \text{claim}_3(r, secret, W)]\big)$$

令 θ 为任一回合标识，ρ: $Role \to Agent_H$ 被定义为

$$\rho = \{i \mapsto B, r \mapsto A\}$$

令 ne 为敌手产生的一个随机数，则有 $ne \in AKN_0$。下面的迹 t 将导致一个新的状态，里面的机密性断言不成立：

$$[((\theta, \rho, \emptyset), \text{create}(r)),$$
$$((\theta, \rho, \{W \mapsto ne\}), \text{recv}_1(i, r, \{\!|\, i, W \,|\!\}_{\text{pk}(r)})),$$
$$((\theta, \rho, \{W \mapsto ne\}), \text{claim}_3(r, secret, W))]$$

这样，我们找到一个具备诚实通信参与者的迹 t，这里的 $\langle\theta, \rho, \{W \mapsto ne\}\rangle(W)$ 为机密性断言，然而 ne 包含在攻击者知识集中，即 $AKN(t) \vdash ne$。

例 4.5 接下来，我们证明 OSS 协议发起机密性断言的正确性。

我们先非形式化地分析两个属性。首先，从协议消息结构观察到攻击者知识集中没有任何诚实实体的密钥。其次，按照敌手初始知识集的定义，我们发现诚实实体创建的新鲜值不在敌手初始知识集中。

令 $t \in traces(OSS)$ 为 OSS 协议的一个迹，包括了协议发起的一个机密性断言。那

么，对于某些实例(θ,ρ,σ)且实体范围 $ran(\rho)\subseteq Agent_H$，必然有一个下标 n 满足 $t_n=((\theta,\rho,\sigma), \text{claim}_2(i, secret, ni))$。现在如果假设敌手能得到 ni 的实例，则将推导出一个矛盾。

实例$\langle\theta,\rho,\sigma\rangle(ni)$并不在敌手的初始知识集中，因此一定有一个最小的下标 k，满足$AKN_k \nvdash \langle\theta,\rho,\sigma\rangle(ni)$，而$AKN_{k+1}\vdash\langle\theta,\rho,\sigma\rangle(ni)$。检查操作推导规则，可知敌手知识的增加必然是通过 send 规则获取而来。因此，一定有一个最小下标 p 满足 $t_p=((\theta',\rho',\sigma'),\textbf{send}_1(i,r,\{|\,i,ni\,|\}_{\mathsf{pk}(r)}))$且$\langle\theta,\rho,\sigma\rangle(ni)\sqsubseteq\langle\theta',\rho', \sigma'\rangle(\{|\,i,ni\,|\}_{\mathsf{pk}(r)})$。对该项重写，即给定$ni^{\#\theta}\sqsubseteq\{|\,\rho'(i),ni^{\#\theta'}\,|\}_{\mathsf{pk}(\rho'(r))}$。这表明$\theta=\theta'$，又因为按照操作规则$\theta$和$\rho$之间是一一对应的，所以有$\rho=\rho'$。敌手仅能从$\{|\,\rho'(i),ni^{\#\theta'}\,|\}_{\mathsf{pk}(\rho'(r))}$中获取出$ni^{\#\theta}$，这就要求$\rho'(r)$是一个非诚实实体，这与前提$ran(\rho)\subseteq Agent_H$矛盾。

4.3 认证

认证(authentication)在已有的文献中有许多种划分类型。就其基本形式而言，认证就是一个关于预期的通信对象存在与否的简单语句。一个协议规格总是包含至少两个通信实体。然而，由于通信网络在敌手的完全控制下，所以不是每个角色执行都能保证另一个通信实体存在。例如，图 4.3 中的协议，当某个实体扮演了协议的初始者角色时，他甚至不能确定是谁回送了“Hello”消息：这个消息可能是由敌手或另外的实体发送过来的。

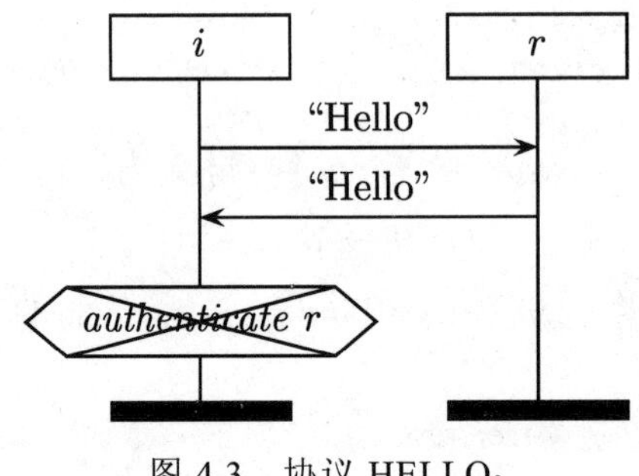

图 4.3 协议 HELLO_0

认证的最小需求是当实体 A 扮演了一个协议角色，他至少能确保在通信网络上存在一个通信对象。大多数情况下，我们需要建立更强的保证，如预期的一方能意识到他是和 A 通信，以及他要扮演的角色。进一步，我们希望交换的消息符合协议的消息格式。

下一节将定义几种特定形式的认证。

4.3.1 存活性

存活性(Aliveness)是一种基本认证，确保预期的一个通信方执行某些事件，即这个通信对象是存在的。我们定义了 4 种形式的存活性，弱存活性(Weak Aliveness)、基于正确角色的弱存活性(Weak Aliveness in the Correct Role)、最近存活性(Recent Aliveness)和基于正确角色的最近存活性(Recent Aliveness in the Correct Role)。存活性断言事件写为 $\text{claim}_\ell(R, ca, R')$，$l$ 是标签，这里的断言 $ca \in \{weak\text{-}alive, weak\text{-}alive\text{-}role, recent\text{-}alive, recent\text{-}alive\text{-}role\}$，$R$ 是发布断言事件的角色，而 R' 是被断言为存活的对象。

定义 4.6　弱存活性(Weak Aliveness)　令协议 P 包含角色 R 和 R'，断言事件 $\gamma = \text{claim}_\ell(R, weak\text{-}alive, R')$ 是正确的当且仅当：

$$\forall t \in traces(P): \forall inst: (inst, \gamma) \in t \wedge honest(inst) \Rightarrow$$
$$\exists ev \in t: actor(ev) = \langle inst \rangle (R')$$

弱存活性的定义表明如果一个实体执行了某个断言事件，而且预期的通信方是诚实的，则这个通信方执行了一个事件。

知道某个通信方满足弱存活性通常是不够的。大多数情况下，我们需要知道预期的通信方执行协议说明给定的角色。

定义 4.7　基于正确角色的弱存活性(Weak Aliveness in the Correct Role)　令协议 P 包含角色 R 和 R'，断言事件 $\gamma = \text{claim}_\ell(R, weak\text{-}alive\text{-}role, R')$ 是正确的当且仅当：

$$\forall t \in traces(P): \forall inst: (inst, \gamma) \in t \wedge honest(inst) \Rightarrow$$
$$\exists ev \in t: actor(ev) = \langle inst \rangle (R') \wedge role(ev) = R'$$

上述两种弱存活性表示某个通信者是存在的，但是没有告诉我们断言事件发生在某个回合之前、后或就在该回合中。最近存活性则要求通信者在某回合中执行了一个事件，该回合一定有存活断言事件。

为了定义最近存活性，我们扩展了 3.3.1 节中的回合标识(*runidof*)函数的定义范围，在定义域中增加了回合事件(run events)。

定义 4.8　最近存活性(Recent Aliveness)　令协议 P 包含角色 R 和 R'，断言事件 $\gamma = \text{claim}_\ell\left(R, recent\text{-}alive, R'\right)$ 是正确的当且仅当：

$$\forall t \in traces(P)\ \forall inst: (inst, \gamma) \in t \wedge honest(inst) \Rightarrow$$
$$\exists ev \in t: actor(ev) = \langle inst \rangle (R') \wedge$$
$$\exists ev': runidof(ev') = runidof(inst) \wedge ev' <_t ev <_t (inst, \gamma)$$

给定断言事件($inst, \gamma$)，通信者必须在断言事件前执行一个事件 ev，而且 ev 和断言事件来源于相同的回合。

类似于基于正确角色的弱存活性，我们可以要求最近存活性执行时具有正确的角色 R'。

定义 4.9　基于正确角色的最近存活性(Recent Aliveness in the Correct Role)　令协议 P 包含角色 R 和 R'，断言事件 $\gamma = \text{claim}_\ell(R, recent\text{-}alive\text{-}role, R')$ 是正确的当且仅当：

$$\forall t \in traces(P)\ \forall inst\colon (inst, \gamma) \in t \wedge honest(inst) \Rightarrow$$
$$\exists ev \in t\colon actor(ev) = \langle inst \rangle(R') \wedge role(ev) = R' \wedge$$
$$\exists ev'\colon runidof(ev') = runidof(inst) \ \wedge\ ev' <_t ev <_t (inst, \gamma)$$

这 4 种弱存活性定义了不同类型的认证。图 4.4、图 4.5 和图 4.6 的协议中给出了一些不同的例子。

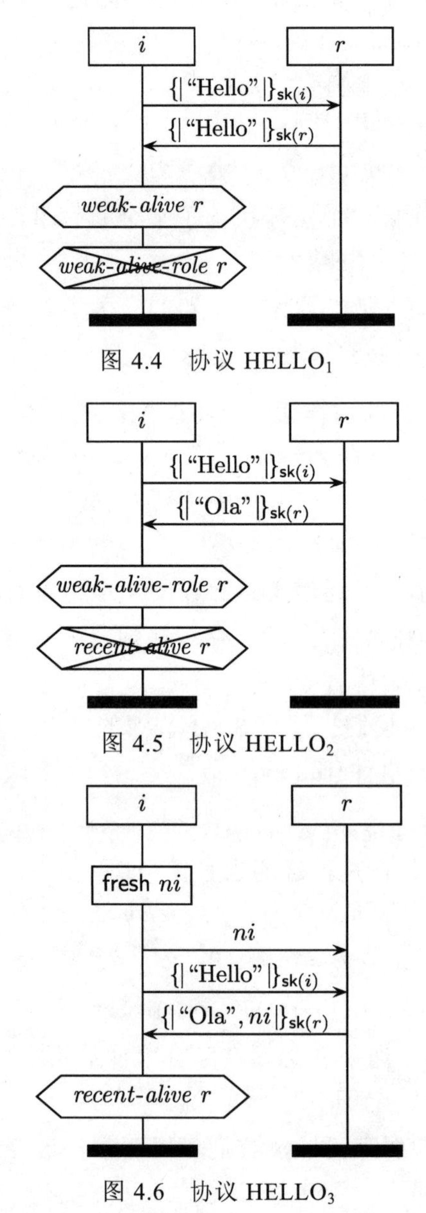

图 4.4 协议 $HELLO_1$

图 4.5 协议 $HELLO_2$

图 4.6 协议 $HELLO_3$

第一个协议 $HELLO_1$ 满足弱存活性(*weak-alive*)但是不满足基于正确角色的弱存活性(*weak-alive-role*)。第二个例子 $HELLO_2$ 满足弱存活性(*weak-alive*)和基于正确角色的弱存活性(*weak-alive-role*)，但是不满足最近存活性(*recent-alive*)。第三个协议 $HELLO_3$ 可以满足最近存活性(*recent-alive*)。

例 4.10 对图 4.4 所示的 $\mathrm{HELLO_1}$ 协议断言(*weak-alive-role*)的攻击显示在图 4.7 中。攻击图中的实体 A 和 B 都按照角色 i 发起协议回话。敌手把 B 的第一条消息重定向给实体 A，A 因为已经发了一条消息，所以把接收到的敌手的这条重定向消息看成他的协议执行中预期的第二条消息。于是他错误地断言第二条消息来源于 B，而且 B 按照 r 角色执行了协议。

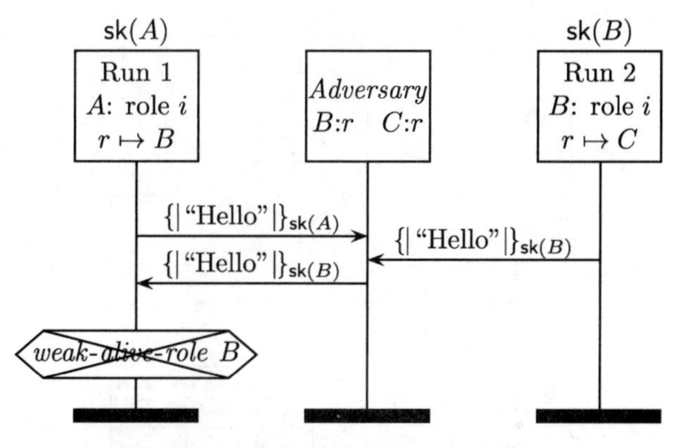

图 4.7 一个对协议 $\mathrm{HELLO_1}$ 的攻击

接着证明这个协议的弱存活性(*weak-alive*)的正确性。令 $t \in traces(HELLO_1)$ 为 $\mathrm{HELLO_1}$ 协议的一个迹，包含初始者的一个安全断言事件的弱存活性。这样，必然有一个标识值 n，对于某些实例 (θ,ρ,σ)，实例的通信实体都是诚实的，即 $ran(\rho) \in Agent_H$，满足 $t_n = ((\theta,\rho,\sigma), \mathrm{claim}_3(i, weak\text{-}alive, r))$。

因为实体 $\rho(i)$ 依据协议规格执行事件，所以它一定执行了事件$((\theta,\rho,\sigma), \mathrm{recv}_2(r,i, \{|\text{“Hello”}|\}_{\mathsf{sk}(r)}))$。按照协议规格，我们观察到敌手不可能知道一个诚实实体的密钥。特别的，私钥 $\mathsf{sk}(\rho(r))$ 总是被妥善保护着。那么，敌手不可能构造出$\{|\text{“Hello”}|\}_{\mathsf{sk}(\rho(r))}$这样的消息。因此，$\{|\text{“Hello”}|\}_{\mathsf{sk}(\rho(r))}$一定是一条发送消息的子项消息，即$((\theta',\rho',\sigma'), \mathrm{send}_\ell(R1,R2,\{|\text{“Hello”}|\}_{\mathsf{sk}(R1)}))$中的子项消息。这只有当 $\mathsf{sk}(\rho(r)) = \mathsf{sk}(\rho'(R_1))$ 时成立。因此，$\rho(r)=\rho'(R_1)$。那么，$\rho(r)$一定执行了某个事件，这样 $\rho(i)$ 的弱存活性安全断言 *weak-alive* 是成立的。

4.3.2 同步一致性

弱存活性安全属性要求某些事件被通信者执行，但是对交换的消息内容没有严格限制。

一个更加严格的认证需求是同步一致性(synchronisation)。它要求所有接收到的消息确实由既定消息发送者发送，发送的消息确实被既定消息接收者接收。对应的需求是，实际的消息交换必须按照指定的协议规格描绘产生。

我们将举例说明同步一致性，如在图 4.6 中，$\mathrm{HELLO_3}$ 协议不能满足该属性。在图 4.8 中，我们展现了一个攻击，该攻击中的 A 试图验证 B。A 发送他的随机数和一个签名了的字符串给 B。敌手拦截了这些消息，获知第二条消息内容并且修改了该消息，用一个被攻陷的实体 E 的签名代替了 A 的签名。现在消息被转发给了 B(以实体 E 的名义)，B 会认为协议中的交互对象是实体 E。这样 B 将按照协议规格发送回应消息，敌手把这条回应消息转发给了 A。这时，A 完全有理由认为 B 和他发起了一个通信回合。然而，B 实际上是响应了 E 而不是 A。在这种情况下，协议虽然满足弱存活性，但是不满足同步一致性。协议中 A 的既定通信者是 B，实际却是攻击者 E。

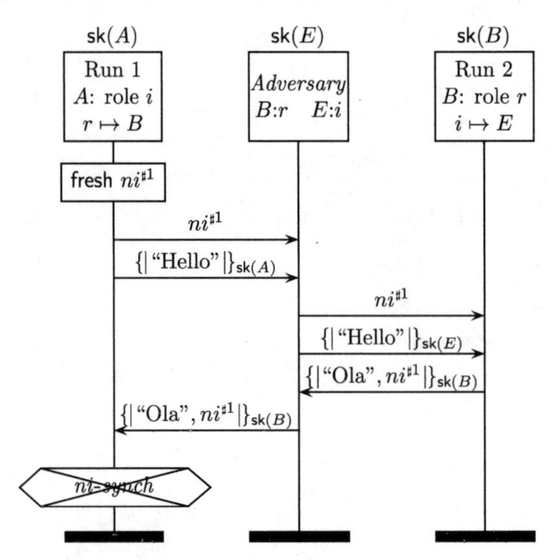

图 4.8 HELLO$_3$ 协议不满足同步一致性

为了能更好地领悟既定通信者的概念，我们将介绍投射函数(Cast Function)的概念。它将用于形式化地定义同步一致性。投射函数的蕴含意义是，当一个实体执行了一个同步一致性断言时，他期望对于协议中的每个角色总有一个回合实例化该角色。更形式化地来说，一个投射函数就是一个映射，针对每个断言和角色，能从一个可能的通信者的迹中标识出一个回合。

定义投射函数的目的是，依据一个特定的断言运行事件，标识出哪些回合对应哪些角色。这样无论任何协议和迹，所有的投射函数都必须满足两个要求。第一个要求是已经分配的回合标识必须执行被指定的角色。第二个要求是包含断言事件的回合一定是被分配给该断言的角色。在以下定义中，这些要求可以在左边和右边的连接式中看到。

定义 4.11 投射(Cast) 给定一个协议 P 的迹 t，把一个映射 $\Gamma: RunEvent \times Role \nrightarrow RID$ 称为一个投射函数(a cast function)，对于所有事件 $c \in RunEvent$，$R \in dom(P)$，$\theta \in RID$，有：

$$\Gamma(c, R) = \theta \iff \big(\forall e: e \in t \wedge runidof(e) = \theta \implies role(e) = R\big) \wedge \big(role(c) = R \implies \theta = runidof(c)\big)$$

对于给定一个协议 P 的迹 t，我们用函数 $Cast(P,t)$ 表示所有的投射函数。

例 4.12 投射函数(Cast Function) 令 c 为图 4.8 中的攻击迹的 *ni-synch* 断言事件，则这个断言事件的投射函数可以定义为：$\Gamma(c,i)=1$ 和 $\Gamma(c,r)=2$。

接下来用投射函数来定义几种同步一致性属性。同步一致性断言事件被写为 $\text{claim}_\ell(R,cs)$，这里的 ℓ 是一个符号标识，R 是执行断言事件的角色，$cs \in \{ni\text{-}synch, i\text{-}synch\}$。

4.3.3 非单射同步一致性

我们首先定义非单射同步一致性(non-injective synchronisation)。按照非形式化的称呼，这个属性表示任何我们希望在协议中发生的事情都能在执行迹中出现。

现在回忆前面学习过的函数 $cont(e)$，该函数能从发送或接收回合事件 e 中提取出实例化的内容[按照格式 form(a,b,m)]。

定义 4.13 非单射同步一致性(*NI-SYNCH*) 令 P 为一个协议，断言事件 $\gamma=\text{claim}_\ell(R,ni\text{-}synch)$ 成立，当且仅当：

$$
\begin{aligned}
&\forall t \in traces(P)\ \exists \Gamma \in Cast(P,t):\\
&\quad \forall inst: (inst,\gamma) \in t \wedge honest(inst) \implies\\
&\quad\quad \forall \varsigma, \varrho \in RoleEvent: \varsigma \dashrightarrow \varrho \wedge \varrho \prec_P \gamma \implies\\
&\quad\quad\quad \exists inst'', inst': (inst'',\varsigma) <_t (inst',\varrho) <_t (inst,\gamma) \wedge\\
&\quad\quad\quad\quad runidof(inst'') = \Gamma((inst,\gamma), role(\varsigma)) \wedge\\
&\quad\quad\quad\quad runidof(inst') = \Gamma((inst,\gamma), role(\varrho)) \wedge\\
&\quad\quad\quad\quad cont((inst'',\varsigma)) = cont((inst',\varrho))
\end{aligned}
$$

非单射同步一致性要求总存在一个投射函数，只要所有的断言事件的参与者都是诚实实体，则所有的事件都在迹中。特别地，对于所有在安全断言前发生的通信 $\varsigma \dashrightarrow \varrho$ (按照协议规格是这样的)，我们要求对应的发送和接收事件满足：(a)只能由投射函数得到的那些回合执行这两个事件；(b)以正确的次序执行事件；(c)它们有相同的内容。

满足非单射同步一致性的一个协议例子可以在图 4.9 中找到。4.5 节将给出一个满足该属性的证明过程。

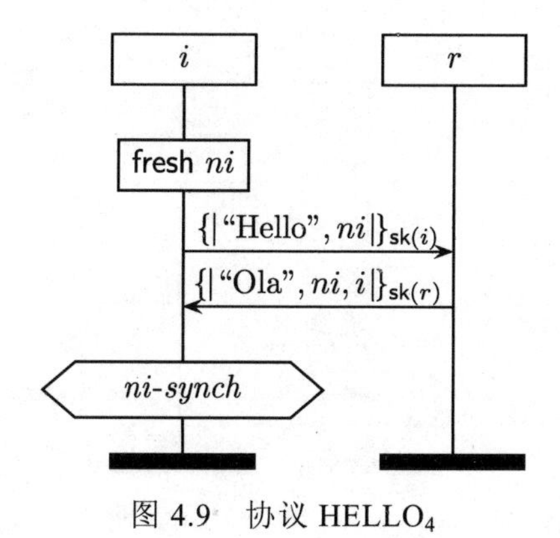

图 4.9 协议 HELLO_4

需要特别说明的是，同步一致性仅指消息内容一致和消息的先后次序。如果敌手仅转发未篡改的消息给既定的接收者，则这种攻击不在同步一致性的考虑范围内。例如，按照图 4.10，HELLO_4 协议满足同步一致性，但是存在转发消息攻击。

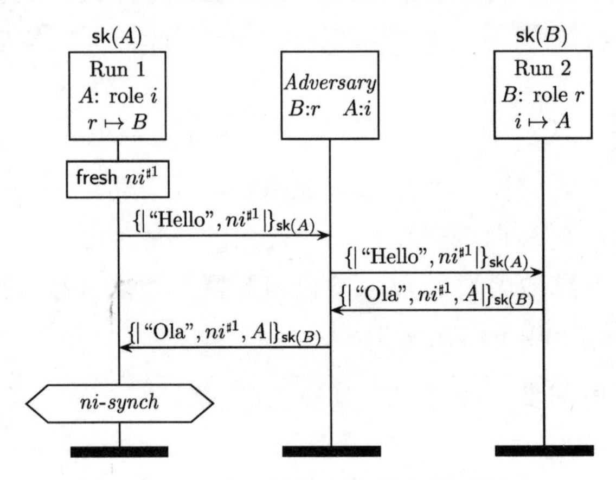

图 4.10 同步一致性无法发现转发攻击

4.3.4 单射同步一致性

如果考虑仅执行一次协议，则在没有敌手的情况下，非单射同步一致性确保了协议按照既定规格执行。但是因为实体可以多次执行协议，且可能与相同实体通信，所以敌手可以发起意想不到的攻击，如从一个协议回话中向另一个协议回话重放消息。特别地，满足非单射同步一致性的协议不能抵御重放攻击(replay attacks)。在一个重放攻击中，敌手重放一条从别的回话环境中获得的消息，然后成功地愚弄那些诚实的实体，这些实体会认为他们成功地完成了协议回合。这样的攻击如果没有敌手存在是不可能出现的。

例 4.14 单射性(Injectivity) 图 4.11 的协议展示了一个满足非单射同步一致性的例子，图 4.12 展示了对这个协议的重放攻击。敌手获得 B 的发送消息后，在某个未来回合可以欺骗用户 A。A 会认为 B 仅是再次发送了相同的消息。

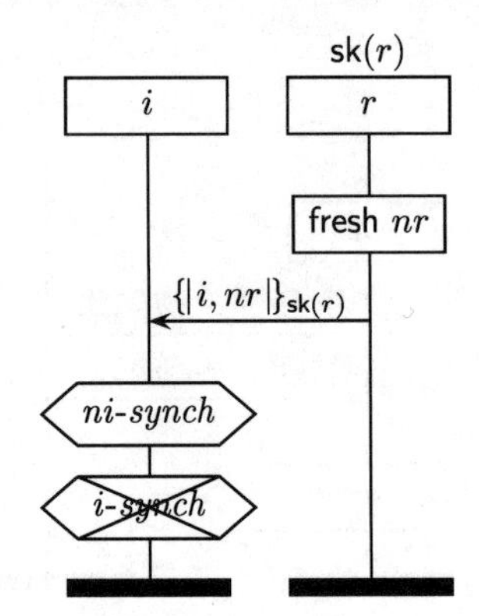

图 4.11 一个存在重放攻击漏洞的协议

为了确保协议仅执行一次，而不是执行多次，要求增加额外的安全属性单射性(injectivity)。对于一个两方协议，由协议发起者 i 和协议响应者 r 构成，这意味着从发起者的回合到响应者的回合是单射的。更确切地说，发起者的两个不同断言实例必须对应响应者的两个不同回合。

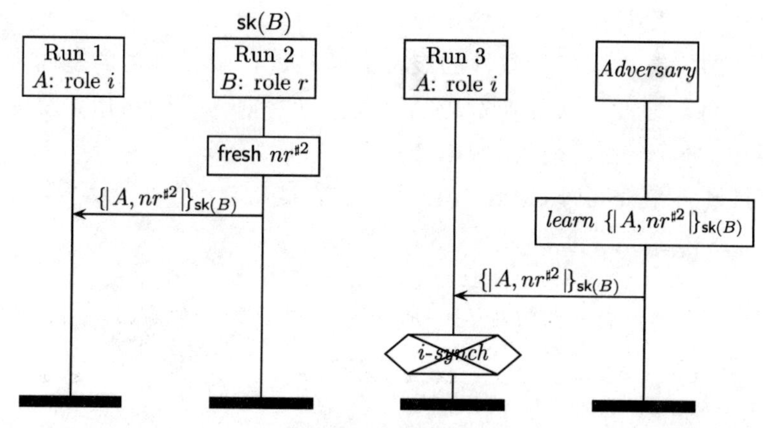

图 4.12　重放攻击

为了满足这样的需求并且把它推广到多方协议中，我们只要稍微修改一下非单射同步一致性(*NI-SYNCH*)的定义，要求投射函数满足单射性即可。对于每一个断言，投射函数实际确定了通信参与者。通过要求投射函数是单射的，确保了每个回合至多是一个断言事件的映射对象。这样的安全属性称为单射同步一致性(injective synchronisation)。

定义 4.15　单射同步一致性(*I-SYNCH*)　令 P 为一个协议，断言事件 $\gamma = \text{claim}_\ell(R, i\text{-}synch)$ 成立，当且仅当：

$$\begin{aligned}
&\forall t \in traces(P)\ \exists \Gamma \in Cast(P,t): injective(\Gamma) \wedge \\
&\quad \forall inst: (inst,\gamma) \in t \wedge honest(inst) \implies \\
&\qquad \forall \varsigma, \varrho \in RoleEvent: \varsigma \dashrightarrow \varrho \wedge \varrho \prec_P \gamma \implies \\
&\qquad\quad \exists inst'', inst': (inst'',\varsigma) <_t (inst',\varrho) <_t (inst,\gamma) \wedge \\
&\qquad\qquad runidof(inst'') = \Gamma((inst,\gamma), role(\varsigma)) \wedge \\
&\qquad\qquad runidof(inst') = \Gamma((inst,\gamma), role(\varrho)) \wedge \\
&\qquad\qquad cont((inst'',\varsigma)) = cont((inst',\varrho))
\end{aligned}$$

例 4.16　图 4.9 中的 HELLO_4 协议也满足单射同步一致性。非形式化地说，每一个发起者回合产生一个唯一的随机数 ni，在后续的响应者回合消息交换中将使用这个随机数。结果必然是，一个响应者回合只能对应一个发起者回合，这防止了重放攻击。

4.3.5　消息一致性

同步一致性确保了在即使引入敌手的情况下，协议仍按照指定的规格执行。另外一种认证安全属性类则关注实体间数据交换的一致性(agreement)，如同 Lowe[108]设计的那样。

对于一致性的直观判断是，当协议执行后，各个参与者都对一些变量值达成一致。我们定义一致性为接收的消息内容等同于发送的消息内容，消息内容符合协议说明。结果是，协议执行后变量的内容与协议规格一致。

消息一致性的定义和同步一致性的定义非常接近。唯一不同的是同步一致性增加了预期的通信次序，如发送事件在对应的接收事件之前。我们采用定义 4.13 的说明，去掉了发送事件在接收事件之前的规格要求。

消息一致性断言事件写为 $\text{claim}_\ell\,(R,ca)$，这里的 ℓ 是一个符号标识，R 是执行断言事件的角色，$ca \in \{ni\text{-}agree, i\text{-}agree\}$。

定义 4.17 非单射消息一致性(*NI-AGREE*) 令 P 为一个协议，断言事件 $\gamma = \text{claim}_\ell\,(R, ni\text{-}agree)$ 成立，当且仅当：

$$
\begin{aligned}
&\forall t \in traces(P)\ \exists \Gamma \in Cast(P,t):\\
&\quad \forall inst: (inst,\gamma) \in t \wedge honest(inst) \implies\\
&\quad\quad \forall \varsigma, \varrho \in RoleEvent: \varsigma \dashrightarrow \varrho \wedge \varrho \prec_P \gamma \implies\\
&\quad\quad\quad \exists inst'', inst': (inst'',\varsigma) <_t (inst,\gamma) \wedge (inst',\varrho) <_t (inst,\gamma) \wedge\\
&\quad\quad\quad\quad runidof(inst'') = \Gamma((inst,\gamma), role(\varsigma)) \wedge\\
&\quad\quad\quad\quad runidof(inst') = \Gamma((inst,\gamma), role(\varrho)) \wedge\\
&\quad\quad\quad\quad cont((inst'',\varsigma)) = cont((inst',\varrho))
\end{aligned}
$$

消息一致性断言表示，对于在给定的一个安全协议的所有迹中的所有实例化断言 γ，所有的角色在协议中的回合和断言回合相同，通信事件一定在安全断言前发生。

单射消息一致性的定义可以通过在非单射消息一致性的基础上修改而得来。

定义 4.18 单射消息一致性(*I-AGREE*) 令 P 为一个协议，断言事件 $\gamma = \text{claim}_\ell\,(R, i\text{-}agree)$ 成立，当且仅当：

$$
\begin{aligned}
&\forall t \in traces(P)\ \exists \Gamma \in Cast(P,t): injective(\Gamma) \wedge\\
&\quad \forall inst: (inst,\gamma) \in t \wedge honest(inst) \implies\\
&\quad\quad \forall \varsigma, \varrho \in RoleEvent: \varsigma \dashrightarrow \varrho \wedge \varrho \prec_P \gamma \implies\\
&\quad\quad\quad \exists inst'', inst': (inst'',\varsigma) <_t (inst,\gamma) \wedge (inst',\varrho) <_t (inst,\gamma) \wedge\\
&\quad\quad\quad\quad runidof(inst'') = \Gamma((inst,\gamma), role(\varsigma)) \wedge\\
&\quad\quad\quad\quad runidof(inst') = \Gamma((inst,\gamma), role(\varrho)) \wedge\\
&\quad\quad\quad\quad cont((inst'',\varsigma)) = cont((inst',\varrho))
\end{aligned}
$$

下一节我们学习这些安全认证属性的关系。一个满足消息一致性但是不满足同步一致性的例子如图 4.15 所示。

4.4　认证继承关系

我们把前面学习过的几种安全认证属性按照它们之间的关系组织起来。例如，满足单射同步一致性的也满足非单射消息一致性。同样，满足最近存活性的也一定满足弱存活性。

图 4.13 描绘了前面定义的几种认证安全属性的关系。

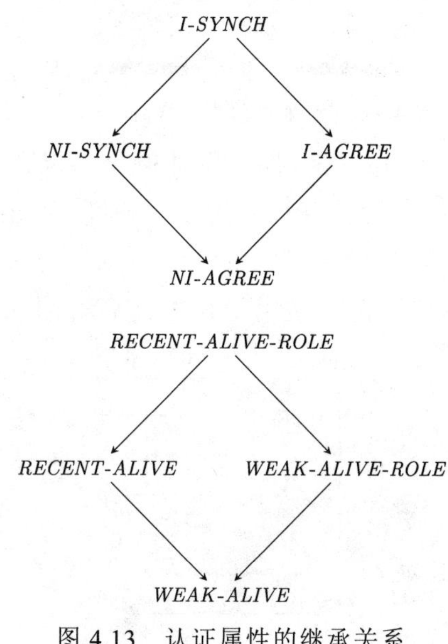

图 4.13　认证属性的继承关系

继承关系的正确性由以下定理说明。

定理 4.19　按照图 4.13，如果从属性 X 到属性 Y 有一条箭头，则一个满足属性 X 的协议必然也满足属性 Y。如果从 X 到 Y 没有箭头，则这个协议虽然满足 X 但是不一定满足 Y。

箭头的设置是按照属性定义而来的。我们已经演示了一些不同的例子，但是没有特别强调它们符合继承关系的最底层安全属性。接下来给出的几个例子将符合继承关系的最高层安全属性。

图 4.14 中的协议满足非单射同步一致性(*NI-SYNCH*)和非单射消息一致性(*NI-AGREE*)，不满足单射同步一致性(*I-SYNCH*)和单射消息一致性(*I-AGREE*)。

敌手在窃听上一回合的消息后，仍然无法构造消息$\{|i,r|\}_{\mathsf{sk}(i)}$。因此，每一个接收事件前面总有一个对应的发送事件，则协议满足非单射同步一致性(*NI-SYNCH*)和非单射消息一致性(*NI-AGREE*)。然而，一旦敌手窃听到这条消息，他/她可以假扮合法用户重放这条消息，因此协议不符合单射性。

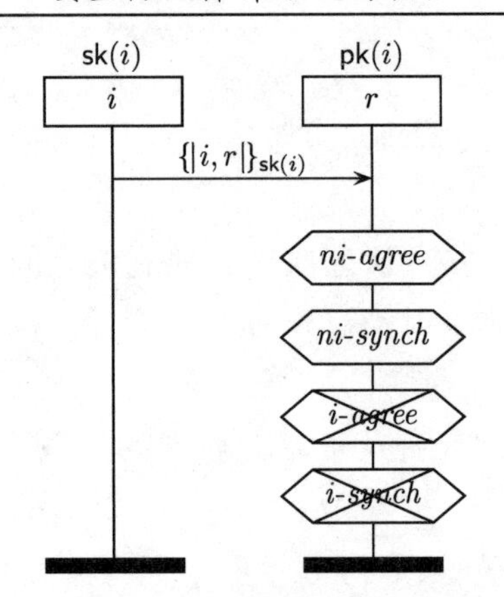

图 4.14　一个不满足单射性的协议

另一个说明同步一致性和消息一致性区别的例子可以在图 4.15 中找到。这个协议满足消息一致性，不满足同步一致性(所有同步一致性都不满足)。这样的情况是因为敌手可以在真实用户启动协议前伪装第一条发送消息，让协议响应者以为某个合法用户已经发起了一次回话，虽然这个合法用户还没有启动回话。

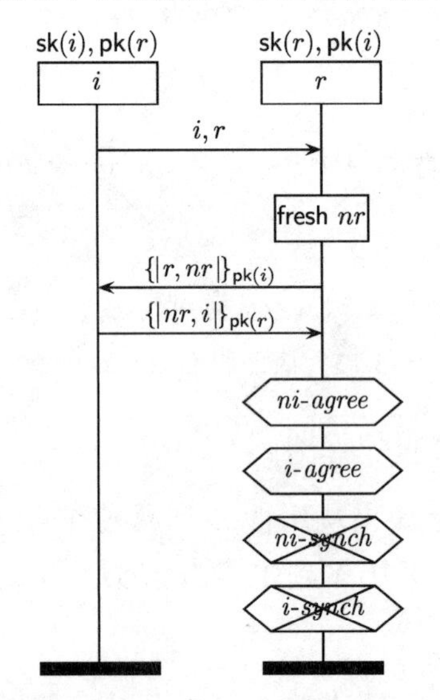

图 4.15　一个满足消息一致性却不满足同步一致性的协议

这两个例子很好地说明了图 4.13 中严格的继承关系。这两个例子隐含的意思是 *NI-SYNCH* 和 *I-AGREE* 之间没有箭头。

同步一致性和消息一致性仅有细微的区别，现实中许多正确的认证协议都能满足这两类安全属性。它们之间重要的差异是同步一致性要求对应的发送和接收消息事件一定要有严格的时序关系，而消息一致性可能出现在一条真实消息发送前就收到一条内容相同的消息。这种情况可能是因为敌手插入了一条消息。一条消息未被真正用户创建，却被敌手创建并插入协议中，这种攻击称为预重放(preplay)攻击。一个协议中是否有这样的安全漏洞，取决于协议的设计意向。

图 4.16 中的协议展示了非单射消息一致性和非单射同步一致性的区别。r 是一个

被 i 使用的 ISP 服务提供者。用户 i 总要告诉 r 他使用网络服务的时间。当 i 希望连接网络时，r 需要认证 i 的真实身份，因此 r 使用可信认证服务器 s 认证 i 的身份。在一个成功的认证回话后，i 通过 r 的认证，并且从第一条消息的时间开始计时收取通信费用[①]。

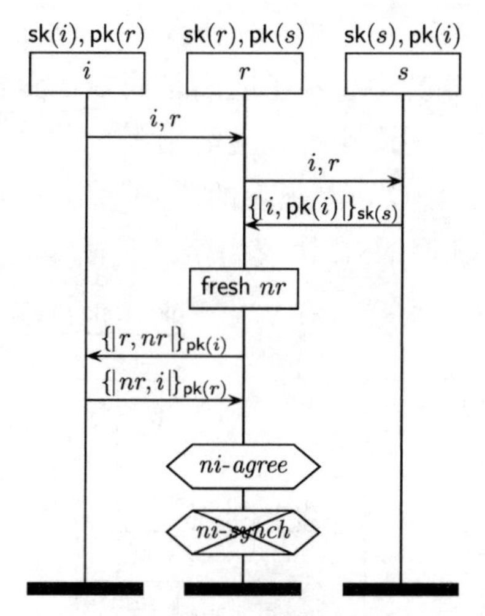

图 4.16 一个不满足非单射同步一致性的协议

这个协议是容易受到攻击的。一个敌手很早就发送一个伪造的初始消息，导致 r 发起一个会话，r 以为通信方是真实的 i。过了一段时间 i 开始发起连接会话，和 r 互动后成功完成会话，i 将会收到一个高昂的通信费用账单。实际上，协议仅满足非单射消息一致性，这是因为第一条消息根本没有经过认证。协议不满足同步一致性。经过简单修改后，协议可以满足非单射同步一致性(*NI-SYNCH*)，可以应对时序攻击类型。

最后，我们证明图 4.13 所示的两个继承关系之间没有继承关系，即第一个继承关系的底层和第二个继承关系的顶部没有箭头连接。一个没有任何通信事件的协议可以满足非单射消息一致性，但不满足基于正确角色的最近存活性。图 4.17 所示的协议满足基于正确角色的最近存活性，不满足非单射消息一致性。

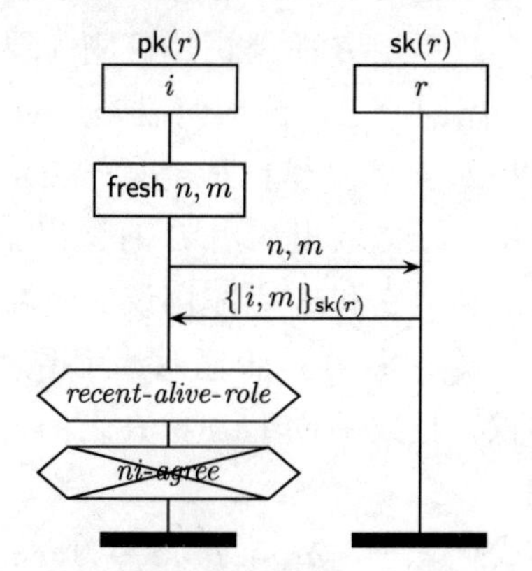

图 4.17 一个不满足非单射消息一致性的协议

① 这样的计费方式取决于 ISP 的计费程序。——译者注

4.5 对 NS 协议的攻击和改进

本节将进一步了解如图 4.18 所示的 NS 协议(Needham-Schroeder protocol)，该协议满足所有的存活性属性，协议发起者还能满足同步一致性。接下来，我们说明该协议的响应者角色无法满足同步一致性，并且给出了攻击迹。这个攻击是由 Lowe 首先发现的，他还修正了原始 NS 协议，改正后的版本称为 NSL 协议(Needham-Schroeder-Lowe protocol)[106]。接下来证明 NSL 协议完全满足同步一致性。

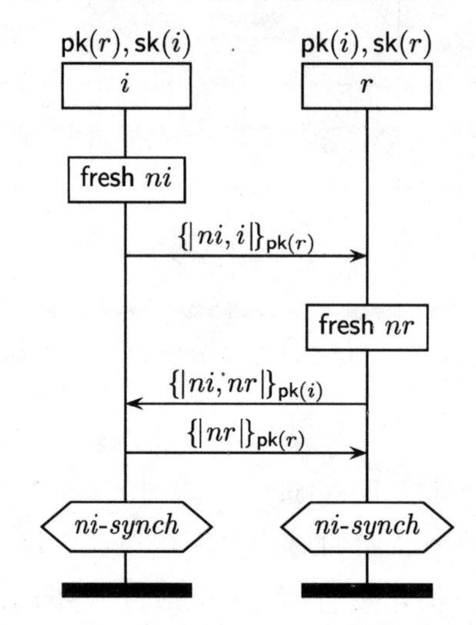

图 4.18 Needham-Schroeder 公钥认证协议

对 NS 协议的攻击如图 4.19 所示。该攻击违背了角色 r 的 *ni-synch* 安全断言。在攻击中，实体 A 扮演了初始角色，A 和一个被攻陷的用户 E 通信。这个交互过程可以被敌手利用，攻击实体 B 的同步一致性断言，而 B 实际上希望和 A 通信。

在攻击的第一步，A 发送了他的第一条消息给 E。敌手获取了该消息，然后用 E 的私钥解密该消息。接下来，敌手用 B 的公钥加密刚才得到的明文消息，伪装成实体 A 把消息发送给实体 B。B 开始回应 A，回应消息是用 A 的公钥加密的，敌手无法解密回应消息，但是敌手可以按照 E 的身份把该消息转发给 A。A 认为 E 的回复消息是对第一条消息的回应，于是把 $nr^{\#2}$ 提取出，用 E 的公钥加密后发给 E。这样，敌手就用 E 的私钥获得了 $nr^{\#2}$，可以利用它和 B 完成协议的交互。被 B 接收到的消息实际上从来不是 A 有意图发出的。无论 A 和 B 是否愿意，敌手总是可以对 B 假扮 A。敌手通过简单修改重放消息攻击协议，且敌手位于 A 和 B 之间，这种类型的攻击被称为中间人(man-in-the-middle)攻击。

我们也给出了攻击的形式化表示。$\rho_1,\rho_2 : Role \to Agent$ 被定义为

$$\rho_1 = \{i \mapsto A, r \mapsto E\}$$

$$\rho_2 = \{i \mapsto A, r \mapsto B\}$$

这里的$\{A,B\}\subseteq Agent_H$且$E\in Agent_C$。以下迹揭示了攻击:

$$
\begin{aligned}
&[((1,\rho_1,\emptyset),\mathsf{create}(i)),\\
&((1,\rho_1,\emptyset),\mathsf{send}_1(i,r,\{\!|\,ni,i\,|\!\}_{\mathsf{pk}(r)})),\\
&((2,\rho_2,\emptyset),\mathsf{create}(r)),\\
&((2,\rho_2,\{W\mapsto ni^{\sharp 1}\}),\mathsf{recv}_1(i,r,\{\!|\,W,i\,|\!\}_{\mathsf{pk}(r)})),\\
&((2,\rho_2,\{W\mapsto ni^{\sharp 1}\}),\mathsf{send}_2(r,i,\{\!|\,W,nr\,|\!\}_{\mathsf{pk}(i)})),\\
&((1,\rho_1,\{V\mapsto nr^{\sharp 2}\}),\mathsf{recv}_2(r,i,\{\!|\,ni,V\,|\!\}_{\mathsf{pk}(i)})),\\
&((1,\rho_1,\{V\mapsto nr^{\sharp 2}\}),\mathsf{send}_3(i,r,\{\!|\,V\,|\!\}_{\mathsf{pk}(r)})),\\
&((2,\rho_2,\{W\mapsto ni^{\sharp 1}\}),\mathsf{recv}_3(i,r,\{\!|\,nr\,|\!\}_{\mathsf{pk}(r)})),\\
&((2,\rho_2,\{W\mapsto ni^{\sharp 1}\}),\mathsf{claim}_5(r,ni\text{-}synch))\,]
\end{aligned}
$$

在迹中，协议不满足非单射同步一致性。定义$(inst,\gamma)$为断言事件$((2,\rho_2,\{W\mapsto ni^{\#1}\}),$ $\mathsf{claim}_5(r,ni\text{-}synch))$。由于$\{A,B\}\subseteq Agent_H$，所以可知 $honest(inst)$成立。协议中，断言前有3个通信事件，标识分别是1、2和3。按照非单射同步一致性的定义，要求所有3个通信事件恰好正确发生在回合2和其他回合之间，这个回合被标识为$\Gamma((inst,\gamma),i)$。依据投射函数的定义，要求已分配的回合按正确的角色执行。在迹中，回合1扮演角色i，回合2扮演角色r，i角色唯一选择为回合1。现在，为了让回合1和回合2之间的通信事件正确执行，事件所有的内容必须完全一致。然而，这不符合实情，在迹中没有一个通信匹配发送和接收事件。特别地，第二条消息有不同的发送者域，第一条消息和第三条消息的内容是被不同的密钥加密的。

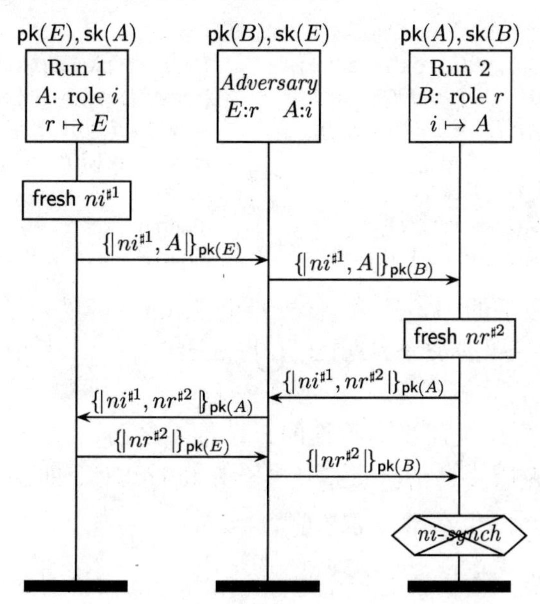

图 4.19 对NS协议的攻击

这种攻击是有可能的，因为当A收到第二条消息时，他以为该消息是由E构造的。这样他将解密该消息，并且在发给E的第三条消息中泄露出随机数$nr^{\#2}$。可是，第二条消息实际是由B产生的，A是不应该泄露这个随机数的。A无法识别出是谁发送了第二条消息。Lowe对这个协议做了修正，在第二条消息中加入了协议响应者B的身份标识。我们对随机数增加了机密性安全断言。最终修订的版本是 NSL 协议，如图 4.20 所示。

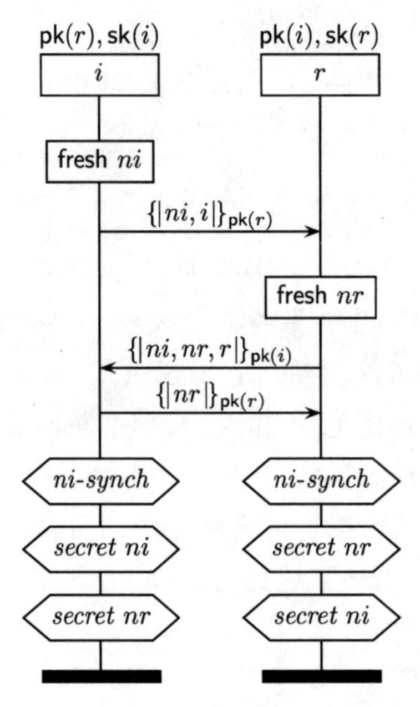

图 4.20 NSL 公钥认证协议

$$
\begin{array}{ll}
NSL(i) = & NSL(r) = \\
\quad (\{i, r, ni, \mathsf{pk}(r), \mathsf{pk}(i), \mathsf{sk}(i)\}, & \quad (\{i, r, nr, \mathsf{pk}(i), \mathsf{pk}(r), \mathsf{sk}(r)\}, \\
\quad [\mathsf{send}_1(i, r, \{\!|\, ni, i \,|\!\}_{\mathsf{pk}(r)}), & \quad [\mathsf{recv}_1(i, r, \{\!|\, W, i \,|\!\}_{\mathsf{pk}(r)}), \\
\quad \mathsf{recv}_2(r, i, \{\!|\, ni, V, r \,|\!\}_{\mathsf{pk}(i)}), & \quad \mathsf{send}_2(r, i, \{\!|\, W, nr, r \,|\!\}_{\mathsf{pk}(i)}), \\
\quad \mathsf{send}_3(i, r, \{\!|\, V \,|\!\}_{\mathsf{pk}(r)}), & \quad \mathsf{recv}_3(i, r, \{\!|\, nr \,|\!\}_{\mathsf{pk}(r)}), \\
\quad \mathsf{claim}_4(i, ni\text{-}synch), & \quad \mathsf{claim}_5(r, ni\text{-}synch), \\
\quad \mathsf{claim}_6(i, secret, ni), & \quad \mathsf{claim}_7(r, secret, nr), \\
\quad \mathsf{claim}_8(i, secret, V)]) & \quad \mathsf{claim}_9(r, secret, W)])
\end{array}
$$

对于这个协议，敌手的初始知识集(按照定义 3.33)可以表示为

$$AKN_0 = AdversaryFresh \cup \bigcup_{a \in Agent} \{a, \mathsf{pk}(a)\} \cup \bigcup_{e \in Agent_C} \{\mathsf{sk}(e)\}$$

我们将说明 NSL 协议是同步一致性的。在推演之前，先介绍一些辅助引论。

第一个辅助引论表达式是角色总是从头到尾执行事件，即 $e <_R e'$意味着在角色事件规格 R 中，事件 e 总是发生在事件 e'之前。

引论 4.20 令 t 为一个协议的一个迹，令 e'和 e 为事件且对于角色 R 有 $e' <_R e$。这样对于所有$((\theta,\rho,\sigma),e) \in t$，总有 $\sigma' \subseteq \sigma$ 满足$((\theta,\rho,\sigma'), e') <_t ((\theta, \rho, \sigma), e)$。

证明 假设存在一个事件$((\theta,\rho,\sigma),e) \in t$，且假设存在一个事件 e'有 $e' <_R e$。按照操作语义规则，角色事件 e 在一条迹中，前提是该迹有一个可达状态《AKN,F》，并且有一个实例化的 σ'和一个事件序列 s 满足$((\theta,\rho,\sigma'), [e]\cdot s) \in F$。如果 e 是一个接收事件，有 $\sigma' \subseteq \sigma$，否则有 $\sigma'=\sigma$。在系统的初始状态，$F=\emptyset$，则 e 一定是通过某个规则被加入

F 的一个回合中。能增加事件到 F 中的回合只有创建规则(create rule)。由于事件的唯一特性，回合 θ 的创建角色只能是事件 e 的角色。在操作语义规则中，由于角色次序及 F 中的回合的归纳使用，事件 e'出现在一个被创建的序列中，位于 e 之前且有相同的回合 θ 和角色关系 ρ。唯一能改变 σ 的只有接收规则(变量通过匹配实例化)，结果是对于事件 e'有实例 σ'且 $\sigma' \subseteq \sigma$。

下一个引论用于一条加密接收消息的推导，该消息由某个实体发送且包含一些未被攻击者知道的内容。

引论 4.21 令 t 为一个迹，对于所有实体 $x, y \in Agent$，$n \in Fresh$，$m,k \in RunTerm$，$inst \in Inst$，以及 $\ell \in Label$，如果

$$n \sqsubseteq m \wedge t \cdot [(inst, \mathsf{recv}_\ell(x, y, \{|m|\}_k))] \in traces(P) \wedge AKN(t) \nvdash \langle inst \rangle (m)$$

则存在 $inst', x', y', m', \ell'$，满足：

$$(inst', \mathsf{send}_{\ell'}(x', y', m')) \in t \wedge \langle inst \rangle (\{|m|\}_k) \sqsubseteq \langle inst' \rangle (m')$$

证明 因为实例 $\langle inst \rangle (\{|m|\}_k)$ 被接收，所以有 $AKN(t) \vdash \langle inst \rangle (\{|m|\}_k)$。如果敌手能通过解密获得消息项，则他一定知道 $\langle inst \rangle (m)$，这个与最右边的假设前提相违背。该消息包含一个由某个实体产生的新鲜值 n，因此不在敌手的初始知识集中。从发送事件中，敌手仅知道一个新的加密项。

在接下来的表达式中，如果两个新鲜的角色项实例(如一个随机数或会话密钥)相等，则它们一定是在同一回合中创建的。

引论 4.22 令 (θ,ρ,σ) 和 (θ',ρ',σ') 为实例，$n \in Fresh$，如果 $\langle \theta,\rho,\sigma \rangle (n) = \langle \theta',\rho',\sigma' \rangle (n)$，则有 $\theta=\theta'$。

证明 该引论由定义 3.21 推导而来。

最后的引论表明对于 NSL 协议，诚实实体的密钥不会被泄露给敌手。

引论 4.23

$$\forall \alpha \in traces(NSL)\ \forall A \in Agent_H : AKN(\alpha) \nvdash \mathsf{sk}(A)$$

证明 敌手的初始知识集没有任何诚实实体密钥的信息项。按照规则，诚实实体从不发送自己的私钥。因此，敌手不能获知在初始知识集中没有的私钥。

引论 4.24 NSL 协议满足非单射同步一致性。

证明 我们证明协议响应者的两个安全断言事件：claim_7(nr 的机密性)和 claim_5(非单射同步一致性)。其他的断言证明与之类似。

所有的证明都有大致相同的结构。检查系统迹中安全断言出现的位置。利用语义规则，我们逐步地推导出关于迹的更多信息，直至推导出安全属性成立。

首先可以观察到敌手总是无法获知诚实实体的私人密钥。这可以直接从引论 4.23 得到。由于敌手已知的密钥集不变，协议所有的消息都用实体公钥加密，所以如果敌手能得到某个基本消息项则意味着他/她必须用一个被攻陷的用户的密钥解密信息。

claim_7 的证明：响应者对 nr 的机密性 假设存在一个迹 α 和一个下标 $r7$，有 $\alpha_{r7}=((\theta_{r7},\rho_{r7},\sigma_{r7}),\text{claim}_7(r,secret,nr))$ 和 $ran(\rho_{r7})\subseteq Agent_H$。现在假设敌手能获知 nr，这将导致一个矛盾。令 k 为最小下标，满足 $AKN_{k+1}\vdash\langle\theta_{r7},\rho_{r7},\sigma_{r7}\rangle(nr)$，且 $AKN_k\nvdash\langle\theta_{r7},\rho_{r7},\sigma_{r7}\rangle(nr)$。这样的最小 k 总是存在的，因为初始敌手知识不包含实体产生的新鲜值项。按照推导规则，敌手知识集的增长只能通过发送规则获得。因此，一定有一个最小下标 p 满足 $\alpha_p=((\theta',\rho',\sigma'),\text{send}_\ell(m))$ 且 $\langle\theta_{r7},\rho_{r7},\sigma_{r7}\rangle(nr)\sqsubseteq\langle\theta',\rho',\sigma'\rangle(m)$。在 NSL 协议中有三个可能的发送事件，因此有 $\ell=1,2,3$。

$[\ell=1]$：第一种情况，有 $\alpha_p=((\theta',\rho',\sigma'),\text{send}_1(i,r,\{|ni,i|\}_{\text{pk}(r)}))$。由于 ni 和 i 与 nr 不同，所以敌手无法从 $\langle\theta',\rho',\sigma'\rangle(i,r,\{|ni,i|\}_{\text{pk}(r)})$ 获取 $\langle\theta_{r7},\rho_{r7},\sigma_{r7}\rangle(nr)$，这与敌手能获知 nr 相矛盾。

$[\ell=2]$：第二种情况，有 $\alpha_p=((\theta',\rho',\sigma'),\text{send}_2(r,i,\{|W,nr,r|\}_{\text{pk}(i)}))$。由于敌手能够获取 nr，所以可以推断 $\rho'(i)$ 一定是一个被攻陷的用户，而且 $\langle\theta_{r7},\rho_{r7},\sigma_{r7}\rangle(nr)=\langle\theta',\rho',\sigma'\rangle(W)$ 或 $\langle\theta_{r7},\rho_{r7},\sigma_{r7}\rangle(nr)=\langle\theta',\rho',\sigma'\rangle(nr)$，下面分情况讨论。

(i) 从第一个等式推导出 $AKN(\alpha)\nvdash\langle\theta',\rho',\sigma'\rangle(W)$，我们运用引论 4.20 和引论 4.21 可以找到下标 $i1$ 满足下列等式：$\alpha_{i1}=((\theta_{i1},\rho_{i1},\sigma_{i1}),\text{send}_1(i,r,\{|ni,i|\}_{\text{pk}(r)}))$。该等式要求 $\langle\theta_{i1},\rho_{i1},\sigma_{i1}\rangle(ni)=\langle\theta',\rho',\sigma'\rangle(W)=\langle\theta_{r7},\rho_{r7},\sigma_{r7}\rangle(nr)$，这实际是不可能的，因为 ni 和 nr 是两个完全不同的项。

(ii) 从第二个等式可以轻易得到与前提相反的矛盾。利用引论 4.22 推导出 $\theta_{r7}=\theta'$，因此也有 $\rho_{r7}=\rho'$，则 $\rho_{r7}(i)=\rho'(i)$ [这里的 $\rho'(i)$ 为被攻陷用户]，这个与假设前提 $\rho_{r7}(i)$ 是一个诚实用户相矛盾。

$[\ell=3]$：第三种情况，有 $\alpha_p=((\theta',\rho',\sigma'),\text{send}_3(i,r,\{|V|\}_{\text{pk}(r)}))$。为了从 $\langle\theta',\rho',\sigma'\rangle(i,r,\{|V|\}_{\text{pk}(r)})$ 中获取，必须有 $\langle\theta_{r7},\rho_{r7},\sigma_{r7}\rangle(nr)=\langle\theta',\rho',\sigma'\rangle(V)$ 且 $\rho'(r)$ 为被攻陷用户。利用引论 4.20 可以找到下标 $i2$ 满足 $\alpha_{i2}=((\theta',\rho',\sigma'),\ \text{recv}_2(r,i,\{|ni,V,r|\}_{\text{pk}(i)}))$。因为 $AKN(\alpha)\nvdash\langle\theta',\rho',\sigma'\rangle(V)$，所以运用引论 4.21 找到下标 $r2$ 满足 $\alpha_{r2}=((\theta_{r2},\rho_{r2},\sigma_{r2}),\text{send}_2(r,i,\{|W,nr,r|\}_{\text{pk}(i)}))$，要求 $\rho'(r)=\rho_{r2}(r)$。(†)

接着推导出 $\langle\theta_{r2},\rho_{r2},\sigma_{r2}\rangle(nr)=\langle\theta',\rho',\sigma'\rangle(V)=\langle\theta_{r7},\rho_{r7},\sigma_{r7}\rangle(nr)$，运用引论 4.22 有 $\theta_{r2}=\theta_{r7}$，则有 $\rho_{r2}=\rho_{r7}$，最后得到 $\rho'(r)=\rho_{r2}(r)=\rho_{r7}(r)$。因为 $\rho'(r)$ 为被攻陷用户，但是 $\rho_{r7}(r)$ 是诚实用户，所以最后的等式是矛盾的。以上就是对 claim_7 的证明。

注意† 证明过程中包含符号†的推导部分，对于 NS 协议而言是不成立的，这也说明第二条消息中的身份标识是必不可少的。

claim$_5$的证明 令 $\alpha \in traces(NSL)$。假设有下标 $r5$ 和 $(\theta_r,\rho_r,\sigma_{r5}) \in Inst$，且 $ran(\rho_r) \subseteq Agent_H$，有 $\alpha_{r5}=((\theta_r,\rho_r,\sigma_{r5}),\text{claim}_5(r,ni\text{-}synch))$。为了证明该安全断言即同步一致性的正确性，必须找到一个执行发起者角色的回合，且该回合在标号为1、2和3的事件上都满足同步，这三个通信事件发生在断言事件之前。应用引论4.20，可以找到 $r1$、$r2$、$r3\,(0 \leqslant r1<r2<r3<r5)$ 和 $\sigma_{r1} \subseteq \sigma_{r2} \subseteq \sigma_{r3} \subseteq \sigma_{r5}$，有：

$$\alpha_{r1} = ((\theta_r,\rho_r,\sigma_{r1}),\mathsf{recv}_1(i,r,\{\!|\, W,i \,|\!\}_{\mathsf{pk}(r)})),$$
$$\alpha_{r2} = ((\theta_r,\rho_r,\sigma_{r2}),\mathsf{send}_2(r,i,\{\!|\, W,nr,r \,|\!\}_{\mathsf{pk}(i)})),$$
$$\alpha_{r3} = ((\theta_r,\rho_r,\sigma_{r3}),\mathsf{recv}_3(i,r,\{\!|\, nr \,|\!\}_{\mathsf{pk}(r)}))$$

我们已经证明了 nr 的机密性，因此可以应用引论4.21至标号3的接收事件，由此建立下标 $i3$ 和 $(\theta_i,\rho_i,\sigma_{i3})$ 且 $i3<r3$，接着是等式 $\alpha_{i3}=((\theta_i,\rho_i,\sigma_{i3}),\text{send}_3(i,r,\{|V|\}_{\text{pk}(r)}))$ 和 $\langle\theta_r,\rho_r,\sigma_{r3}\rangle(nr)=\langle\theta_i,\rho_i,\sigma_{i3}\rangle(V)$。通过引论4.20得到 $i1<i2<i3$，则有：

$$\alpha_{i1} = ((\theta_i,\rho_i,\sigma_{i1}),\mathsf{send}_1(i,r,\{\!|\, ni,i \,|\!\}_{\mathsf{pk}(r)})),$$
$$\alpha_{i2} = ((\theta_i,\rho_i,\sigma_{i2}),\mathsf{recv}_2(r,i,\{\!|\, ni,V,r \,|\!\}_{\mathsf{pk}(i)})),$$
$$\alpha_{i3} = ((\theta_i,\rho_i,\sigma_{i3}),\mathsf{send}_3(i,r,\{\!|\, V \,|\!\}_{\mathsf{pk}(r)}))$$

现在可以发现回合 θ_i 是可选的，我们仅需要证明它和回合 θ_r 之间是同步的即可。因此，我们必须确认 $r2<i2$、$i1<r1$ 及对应的发送和接收事件互相匹配。

首先，观察 α_{i2}。变量在接收后分派，并且后面在语义中没有被改变，则有 $\langle\theta_i,\rho_i,\sigma_{i2}\rangle(V)=\langle\theta_i,\rho_i,\sigma_{i3}\rangle(V)=\langle\theta_r,\rho_r,\sigma_{r3}\rangle(nr)$，仍然是机密的。然后，再次运用引论4.21，由此得到一个下标 $r2'<i2$，且有 $\alpha_{r2'}=((\theta_{r'},\rho_{r'},\sigma_{r2'}),\text{send}_2(r,i,\{|W,nr,r|\}_{\text{pk}(i)}))$。因为协议的消息没有嵌套加密，所以可以推导出 $\langle\theta_i,\rho_i,\sigma_{i2}\rangle(\{|ni,V,r|\}_{\text{pk}(i)})=\langle\theta_{r'},\rho_{r'},\sigma_{r2'}\rangle(\{|W,nr,r|\}_{\text{pk}(i)})$。因此，可以得到 $\langle\theta_r,\rho_r,\sigma_{r3}\rangle(nr)=\langle\theta_i,\rho_i,\sigma_{i3}\rangle(V)=\langle\theta_{r'},\rho_{r'},\sigma_{r2'}\rangle(nr)$，再根据引论4.22有 $\theta_r=\theta_{r'}$，按照角色事件的唯一性得到 $r2=r2'$。以上过程说明了事件 α_{i2} 和 α_{r2} 之间的同步一致性。

接着，观察 α_{r1}。因为 $\langle\theta_r,\rho_r,\sigma_{r1}\rangle(W)$ 是秘密的（响应者的机密性在claim$_9$中已经证明），所以我们能使用引论4.21推导出下标 $i1'<r1$，有 $\alpha_{i1'}=((\theta_{i'},\rho_{i'},\sigma_{i1'}),\text{send}_1(i,r,\{|ni,i|\}_{\text{pk}(r)}))$ 且 $\langle\theta_r,\rho_r,\sigma_{r1}\rangle(\{|W,i|\}_{\text{pk}(r)})=\langle\theta_{i'},\rho_{i'},\sigma_{i1'}\rangle(\{|ni,i|\}_{\text{pk}(r)})$。因为 α_{r2} 和 α_{i2} 是一致的，故有 $\langle\theta_i,\rho_i,\sigma_{i2}\rangle(ni)=\langle\theta_r,\rho_r,\sigma_{r2}\rangle(W)=\langle\theta_r,\rho_r,\sigma_{r1}\rangle(W)=\langle\theta_{i'},\rho_{i'},\sigma_{i1'}\rangle(ni)$。通过引论4.22有 $\theta_i=\theta_{i'}$，确定了 α_{r1} 和 α_{i1} 事件的同步一致性。以上就是对claim$_5$的证明。

4.6 总结

本章介绍了安全模型下的安全属性，把它们看作具有局部观点的安全断言事件。局部特性的断言事件表明一个安全协议既定的安全属性是协议规格不可分割的一部分。断言具有局部性是因为：每个实体只拥有系统全局信息的一部分，这通常取决于他们所接收到的消息。协议必须确保基于局部状态的实体能具有全局系统的某些安全属性，例如，某些敏感信息不被敌手获知或某个特定实体是否存在。

我们定义了机密性和几种不同类型的认证性，尤其是称为同步一致性的强认证类型。为了比较两种不同的认证，即同步一致性和消息一致性的区别，我们形式化了两种不同的一致性：对所有变量和角色的单射一致性和非单射一致性。按照统一的格式，这两种认证可以轻易地区别开：消息一致性允许敌手在消息发送者发送消息之前，插入某条(正确的且是预期的)消息。类似于同步一致性，对于消息一致性，我们也提供了它的单射和非单射定义。

关于上述两种认证的定义是从协议中抽象出来的，这样才能建立起语义模型，例如，它们和消息的细节无关。给定一个迹，我们只需要确定接收和发送消息内容的等式关系，知道一个协议规格事件的次序，就能验证所有预期定义的认证形式。与其他认证定义相比，为了验证给定迹的认证性，其他的认证定义需要更多的协议信息和语义。

事实上，按照我们的理论，甚至不需要一个迹的语义或一个角色的完整的事件次序。这些定义的建立来源于按照串空间偏序的结构模型[155]，以及角色事件预序的AVISPA 模型[94]；唯一对角色事件次序的要求就是每个事件必须有一个有限的前导事件集合。根据同步一致性和消息一致性的定义，我们在图 4.13 中构建了认证属性的继承关系。我们还说明了在 Dolev-Yao 敌手模型下，单射同步一致性认证相比单射消息一致性认证而言是一种更加严格的强认证。

本章虽然仅定义了机密性和认证性的概念，但也可以定义其他安全属性，如可以用一种简单的方式定义非否认性。我们还阐明了第 3 章的安全协议模型能被应用于证明安全属性的正确性。在证明 NSL 协议的两个安全属性时，我们综合应用了安全协议模型、机密性和同步一致性的定义。

对安全属性的证明确保了安全协议在安全模型中不存在攻击。然而，手工构建这样的证明有几个缺点：每个协议的每个新断言都需要新的证明；协议消息简单的修改会导致证明重大的变化；而且，如果无法找到一个证明我们就无法断定协议：它既可能是正确的，也可能是有缺陷的。

我们从主观上当然希望能确定协议的某个安全断言是正确的，或者对这个断言找到一个具体的攻击。第 5 章将介绍协议安全断言的自动验证(确定正确性)及失败检测(找到攻击)。

4.7 思考题

4.1 将 $\rho_1,\rho_2{:}Role \rightarrow Agent$ 定义为

$$\rho_1 = \{i \mapsto A, r \mapsto E\}$$

$$\rho_2 = \{i \mapsto A, r \mapsto B\}$$

这里的$\{A,B\} \subseteq Agent_H$且 $E \in Agent_C$。解释下列断言在迹中为什么能成立。

$$\begin{aligned}
[&((1, \rho_1, \emptyset), \mathsf{create}(i)),\\
&((1, \rho_1, \emptyset), \mathsf{send}_1(i, r, \{\!|\, ni, i \,|\!\}_{\mathsf{pk}(r)})),\\
&((2, \rho_2, \emptyset), \mathsf{create}(r)),\\
&((2, \rho_2, \{W \mapsto ni^{\sharp 1}\}), \mathsf{recv}_1(i, r, \{\!|\, W, i \,|\!\}_{\mathsf{pk}(r)})),\\
&((2, \rho_2, \{W \mapsto ni^{\sharp 1}\}), \mathsf{send}_2(r, i, \{\!|\, W, nr \,|\!\}_{\mathsf{pk}(i)})),
\end{aligned}$$

$$((1, \rho_1, \{V \mapsto nr^{\sharp 2}\}), \mathsf{recv}_2(r, i, \{\!| ni, V |\!\}_{\mathsf{pk}(i)})),$$
$$((1, \rho_1, \{V \mapsto nr^{\sharp 2}\}), \mathsf{send}_3(i, r, \{\!| V |\!\}_{\mathsf{pk}(r)})),$$
$$((2, \rho_2, \{W \mapsto ni^{\sharp 1}\}), \mathsf{recv}_3(i, r, \{\!| nr |\!\}_{\mathsf{pk}(r)})),$$
$$((1, \rho_1, \{V \mapsto nr^{\sharp 2}\}), \mathsf{claim}_4(i, ni\text{-}synch))\ ]$$

4.2 考虑断言前的弱存活性(Weak Aliveness Prior to The Claim，WAPTC)概念，遵照以下定义。

定义 4.25 令 P 为包含角色 R 和 R' 的协议，断言事件 $\gamma = \text{claim}_\ell(R, \text{waptc}, R')$ 成立当且仅当：

$$\forall t \in traces(P): \forall inst: (inst, \gamma) \in t \wedge honest(inst) \Rightarrow$$
$$\exists ev \in t: actor(ev) = \langle inst \rangle(R') \wedge ev <_t (inst, \gamma)$$

证明这个属性等同于弱存活性(Weak aliveness)。

4.3 协议区别(Differentiating protocols) 设计认证协议

(a) 满足最近存活性，不满足基于正确角色的弱存活性(recent-alive，but not weak alive-role)；

(b) 满足基于正确角色的弱存活性，不满足基于正确角色的最近存活性(weak-alive-role，but not recent-alive-role)；

(c) 满足基于正确角色的最近存活性，不满足基于正确角色的最近存活性(recent-alive，but not recent-alive-role)。

4.4 证明 HELLO_2 和 HELLO_3 协议存活性断言是否成立(见图 4.5 和图 4.6)。

4.5 场景区别(Differentiating scenarios) 设计真实世界中具有下列不同安全属性的场景协议。具体而言，对下列每个协议给出一个真实场景满足给定属性但是不满足其他属性：

(a) 存活性(Aliveness)；

(b) 最近存活性(Recent aliveness)；

(c) 弱存活性(Weak aliveness)。

4.6 解释图 4.8 中的迹为什么被认为是一个攻击，图 4.10 中的迹却不是一个攻击。

4.7 给出真实世界中如图 4.10 所示的攻击场景。换句话说，敌手在不改变消息仅重放消息的情况下能获得什么好处？

4.8 解释 4.4 节后描述的两个协议例子为什么足以说明图 4.13 中的上面 4 类认证和下面 4 类认证没有任何关系。

4.9 NS 协议中的响应者 r 不满足非单射同步一致性(non-injective synchronisation)。然而，它满足较弱的认证属性，证明 NS 协议满足正确角色的最近存活性(recent aliveness in the correct role)。

第5章 验　　证

摘要　本章将介绍一种算法，用于分析安全协议的多种安全属性，包括算法的设计思路和实现效率。最后，本章讲述了单射一致性的验证，以及证明了在特定结构的条件下同步的协议能够满足单射性。

前面的章节介绍了安全协议模型和一些安全属性，并且手工验证了它们的正确性。本章介绍分析这些安全属性的算法。Scyther 工具系统[55]包含了这个算法的一个具体实现。Scyther 支持 Windows、Linux 和 Mac OS X 操作系统，且提供自由下载[52]。

该算法基于对迹模式(trace patterns)的分析，迹模式实际是迹的集合。我们并不需要分析所有单独的迹，分析对象实际是特定的迹模式。一个迹模式被定义为符号化事件的偏序关系集。我们特别关注攻击模式(attack patterns)，攻击模式表现的是安全属性的违规行为。模式的定义见 5.1 节。

我们的算法能够确定在协议的哪些运行迹中一个特定的模式会发生。算法的细节详见 5.2 节：只要给定一个协议和一个模式，就能确定这个协议的所有迹是否存在满足给定模式的迹。5.3 节提供了一个例子说明算法是如何遍历搜索空间的。5.4 节展示了该算法是如何直接应用在所有前面章节讲述的非单射安全属性上的。

该算法的性能依赖于算法使用的启发式搜索方法和参数实例。有关算法设计的搜索方法和参数内容在 5.5 节介绍，同时还给出了 Scyther 工具的性能分析结果。

最后，5.6 节演示了单射同步一致性的验证。我们证明了在给定通信结构的特定条件下，同步化的协议满足单射性。

5.1　模式

首先介绍隐藏于算法后的主要概念。一般而言，任何协议都有无限可能的行为(迹)。然而，从安全属性验证的角度来说，很多迹仅区别于动作的交错执行顺序或相同行为的不同命名。为了说明相同迹的概念，我们称之为迹模式(trace patterns)。一个迹模式总能表示某一类迹，定义为符号化事件的偏序集合(partically ordered)。

一直到现在，对于前述的那些安全属性，我们并没有完全利用迹中所有可用的信息，例如，迹中某个事件出现的绝对位置和任何属性没有关系。一直以来，我们总结迹的属性是为了评估协议的安全属性。

- 事件次序。
- 事件和消息的匹配性。

- 实证性的实体事件。
- 敌手知识集的内容。

我们没有提及的一些元素例子包括：事件在迹中的具体位置、某些实体事件的缺失，或者一个消息的具体内容。我们将对这些元素抽象出模式(patterns)的概念。一个模式体现为某些迹的集合。模式的引入允许我们构建出一个安全属性的验证算法，避免考虑每一个看起来似乎是独特的迹。

为了表现敌手能用多种明确无误的方法从一个执行迹中推导出某个项，我们介绍了敌手推断事件。在推断操作运算$\vdash$的作用下，敌手推断事件对应于推导项。通常情况下，算法可以支持元组处理，但是对于加解密和函数处理必须分别引入 encr、decr 和 app 事件处理。敌手事件额外加入两个事件：初始化(init)事件对应敌手学习到的初始化知识，获知事件 know(t)表示敌手在迹中的某个位置获知消息项 t。实体发送事件 send 和接收事件 recv，以及敌手事件一起构成模式(*PatternEvent*)事件集。为了定义这个事件集，我们重用了第 3 章定义的几个集合。

定义 5.1 模式事件(Pattern Events) 模式事件集合(*PatternEvent*)以巴科斯(BNF)范式定义为：

$$
\begin{aligned}
AdvEvent &::= \mathsf{decr}(\{\!|\, RunTerm \,|\!\}_{RunTerm}) \mid \mathsf{encr}(\{\!|\, RunTerm \,|\!\}_{RunTerm}) \mid \\
&\quad\ \mathsf{app}(Func(RunTerm^*)) \mid \mathsf{init} \mid \mathsf{know}(RunTerm), \\
SendRecv &::= \mathsf{send} \mid \mathsf{recv}, \\
RolePos &::= Role^{\sharp RID} \mid Agent, \\
CommEvent &::= SendRecv_{Label}(RolePos, RolePos, RunTerm)^{\sharp RID}, \\
ClaimEvent &::= \mathsf{claim}_{Label}(RolePos, Claim\,[\,,\ RunTerm]), \\
AgEvent &::= CommEvent \mid ClaimEvent, \\
PatternEvent &::= AdvEvent \mid AgEvent
\end{aligned}
$$

为了获取事件间的交互和敌手知识集，我们定义了两个从模式事件映射到消息项集的函数：*in* 和 *out*。输入函数 *in* 产生某些消息项，敌手的知识集只有获得这些消息项才能进一步获取和分析事件，这样的消息通常发生在一个 recv 事件中。相反，对于 send 事件，在事件执行后 *out* 函数输出的项被增加到敌手的知识集中。函数 *in* 和 *out* 都属于模式事件类型 $PatternEvent \rightarrow \mathcal{P}(Term)$，它们的定义见表 5.1。

表 5.1 *in* 和 *out* 函数

e	*in*(*e*)	*out*(*e*)
$\mathsf{decr}(\{\!|\, t' \,|\!\}_t)$	$\{\{\!|\, t' \,|\!\}_t\} \cup unpair(t^{-1})$	$unpair(t')$
$\mathsf{encr}(\{\!|\, t \,|\!\}_{t'})$	$unpair((t, t'))$	$\{\{\!|\, t \,|\!\}_{t'}\}$
$\mathsf{app}(f(t_0, \cdots, t_n))$	$unpair(t_0, \cdots, t_n)$	$\{f(t_0, \cdots, t_n)\}$
init	$\emptyset$	$\bigcup_{t \in AKN_0} unpair(t)$
$\mathsf{know}(t)$	$unpair(t)$	$\emptyset$
$\mathsf{send}_\ell(t)^{\sharp\theta}$	$\emptyset$	$unpair(t)$
$\mathsf{recv}_\ell(t)^{\sharp\theta}$	$unpair(t)$	$\emptyset$
$\mathsf{claim}_\ell(t, c, t')^{\sharp\theta}$	$\emptyset$	$\emptyset$

例 5.2 敌手事件(Adversary Events) 令 t 为某些实体 ρ 的迹:

$$t = [((1,\rho,\emptyset),\mathsf{create}(i)),\\ ((1,\rho,\emptyset),\mathsf{send}(i,r,\{\!|\,m\,|\!\}_k)),((1,\rho,\emptyset),\mathsf{recv}(r,i,h((m,c))))]$$

假设该例中的敌手初始知识集 $AKN_0 = \{c,k\}$。当接收事件激活时，即接收规则前提成立，可以从已发生的事件推导出 $h((m,c))$。

如果需要用一个较清晰的敌手事件分析上述情景，可以用图 5.1 中左列的相关迹 t' 来说明。按照 t 的顺序，它包含了 t 中所有的事件，此外还有敌手事件。

	迹	*in*	*out*
$t' = [$	init	$\emptyset$	$\{c,k\}$
,	$((1,\rho,\emptyset),\mathsf{create}(i))$	$\emptyset$	$\emptyset$
,	$((1,\rho,\emptyset),\mathsf{send}(i,r,\{\!|\,m\,|\!\}_k))$	$\emptyset$	$\{i,r,\{\!|\,m\,|\!\}_k\}$
,	$\mathsf{decr}(\{\!|\,m\,|\!\}_k)$	$\{\{\!|\,m\,|\!\}_k,k\}$	$\{m\}$
,	$\mathsf{app}(h((m,c)))$	$\{m,c\}$	$\{h((m,c))\}$
,	$((1,\rho,\emptyset),\mathsf{recv}(r,i,h((m,c))))$	$\{r,i,h((m,c))\}$	$\emptyset$
]			

图 5.1 一个敌手事件迹的例子

首先，敌手从初始 init 事件中学习到$\{c,k\}$。接着，回合 1 被创建，然后是第一个发送事件。发送内容被解析，以解配的形式出现在 out 事件中。为了推导出接收事件中的某些接收项，敌手先试着运用 decr$(\{|m|\}_k)$，由于已经知道密钥 k，因此获得了消息 m。这样，现在敌手知道了 m 和 c，利用 app$(h((m,c)))$函数可生成 $h((m,c))$。

为了定义模式，我们还需要最后一个要素。模式事件被当成局部实例化的回合事件。在模式中，我们总是希望能指定事件中具备某些被实例化的角色和实例化的变量，还未被实例化的角色和事件不予以考虑。稍后为了统一处理这样的角色名称和变量，我们把角色名称看成一个回合的局部模式变量，对变量也做同样的处理。

定义 5.3 模式变量 PVars (Pattern Variables PVars) 定义 *PVars* 作为出现在一个模式事件中的变量和角色名称的集合：

$$PVars = \left\{ t^{\sharp\theta} \,\middle|\, t \in Var \cup Role \wedge \theta \in RID \right\}$$

令 *Sub* 表示项和模式变量的替换集合。对于 $0 \leqslant i \leqslant n$，用$[t_0,\cdots,t_n/x_0,\cdots,x_n] \in Sub$ 来表示 t_i 到 x_i 的替换。把函数 *dom* 和 *ran* 扩展到替换：对于一个替换 $\phi = [t_0,\cdots,t_n/x_0,\cdots,x_n]$，有 $dom(\phi)=\{x_0,\cdots,x_n\}$及 $ran(\phi)=\{t_0,\cdots,t_n\}$。$\phi(t)$表示应用 ϕ 替换到 t。用 $\phi \circ \phi'$ 表示两个替换的复合运算，例如，对于所有项 t 有 $(\phi \circ \phi')(t) = \phi'(\phi(t))$。

某个替换 $\phi=[t_0,\cdots,t_n/x_0,\cdots,x_n]$为良构(well-typed)，当且仅当对于所有 i，$0 \leqslant i \leqslant n$，有：

$$\begin{cases} type(t_i) \cap type(x_i) \neq \emptyset, & t_i \in PVars \\ t_i \in type(x_i), & \text{其他} \end{cases}$$

一个变量 v 被称为一个基础变量(basic variable)当且仅当 $type(v)$包含基本项。

一个良构的替换是项 t 和 t' 项的一致置换(unifier)，当且仅当 $\phi(t) = \phi(t')$。我们称 ϕ 为两个项 t 和 t' 的通用一致置换(most general unifier)，记为 $\phi = MGU(t,t')$，当且仅当

对任意的一致置换 ϕ'，总有另一个 ϕ''，使得 $\phi' = \phi \circ \phi''$。

非正式地说，一个模式是一个元组 $pt = (E, \rightarrow)$，这里的 E 是一个模式事件集合，而 $\rightarrow$ 是 E 中事件的某个关系。关系符号 $\rightarrow$ 指示了关于事件的一个偏序，在迹中能表示事件的全部时序。单独的一条边 $\rightarrow$ 要么看成未被标识的，写为 $e \xrightarrow{\lambda} e'$，要么用某个回合项 t 来标识，如 $e \xrightarrow{t} e'$。未被标识的边表示一个回合内的事件次序，反之，被标识的边表示敌手获得一个特定项的入口点。被标识的边也被集成为绑定(bindings)，这里在边 $e \xrightarrow{t} e'$ 中的回合项 t 被绑定到 e。标识化的边会在 5.2 节的验证算法中使用。

对于任意一个事件 e，用 $\phi(e)$ 表示对 e 中所有项 t 用 $\phi(t)$ 替换后的结果。

在一个模式 $(E, \rightarrow)$ 中，我们定义 $\rightarrow^*$ 为 $\rightarrow$ (省略边上的标识)的自反的、传递闭包。

定义 5.4　模式(Pattern)　令 P 为一个协议，E 为一个有限模式事件集合，且令 $\rightarrow$ 为 E 上的一个关系，其标识元素为集合 $\{\lambda\} \cup RunTerm$。我们称 $(E, \rightarrow)$ 是协议 P 的一个模式，当且仅当对于所有的 $e, e' \in E$，回合项 $t \neq \lambda$，re、$re' \in RoleEvent$，替换 ϕ、ϕ' 和回合标识 θ，满足下列条件。

(i) 具备项标识的边表示了消息因果关系：

$$e \xrightarrow{t} e' \Rightarrow t \in out(e) \cap in(e')$$

(ii) 所有发生在模式的实体事件(比较定义 5.1)总是来源于协议 P：

$$e \in AgEvent \Rightarrow \exists M, s, i, \phi, \theta : (M, s) \in ran(P) \wedge e = \phi(s_i)^{\sharp\theta}$$

这里的 $dom(\phi) = PVars$，M 是角色初始知识，而 s 是角色事件序列。

(iii) 在一个回合内，角色事件是唯一的：

$$\left(e = \phi(re)^{\sharp\theta} \wedge e' = \phi'(re)^{\sharp\theta}\right) \Rightarrow e = e'$$

(iv) 如果实体事件与角色一致，则回合是前缀闭合的，如对于每个角色 $R \in P$：

$$\left(e = \phi(re)^{\sharp\theta} \wedge re' <_R re\right) \Rightarrow \phi(re')^{\sharp\theta} \rightarrow^* e$$

例 5.5　模式(Pattern)　图 5.2 描绘的模式是 NS 协议中响应者 r 的一个回合的任意执行。在这个例子中，$i^{\#0}$、$r^{\#0}$ 和 $W^{\#0}$ 是模式变量。特别地，$type(i^{\#0}) = Agent$，$type(r^{\#0}) = Agent$，且有下列类型匹配模型成立，即 $type(W^{\#0}) = AdversaryFresh \cup \{c^{\#\theta} \mid c \in Fresh \wedge \theta \in RID\}$。本例中，所有发生的实体事件被看成某一个回合的一部分。

$$\begin{array}{c}
\mathsf{recv}_1(i^{\sharp0}, r^{\sharp0}, \{\!| W^{\sharp0}, i^{\sharp0} |\!\}_{\mathsf{pk}(r^{\sharp0})})^{\sharp0} \\
\downarrow \lambda \\
\mathsf{send}_2(r^{\sharp0}, i^{\sharp0}, \{\!| W^{\sharp0}, nr^{\sharp0} |\!\}_{\mathsf{pk}(i^{\sharp0})})^{\sharp0} \\
\downarrow \lambda \\
\mathsf{recv}_3(i^{\sharp0}, r^{\sharp0}, \{\!| nr^{\sharp0} |\!\}_{\mathsf{pk}(r^{\sharp0})})^{\sharp0}
\end{array}$$

图 5.2　NS 协议 r 角色的任意发送和接收事件的模式描述

一般而言，当指定模式时变量的类型总是依据协议规格而来，角色名类型(如 $i^{\#0}$、$r^{\#0}$）除非被明确说明，否则总被假定为实体，正如下个例子中所表达的那样。

例 5.6　攻击迹模式(Representing Attack Traces as Patterns)　图 5.3 展示的模式是一个迹的集合，在该攻击迹中 NS 协议的安全断言无法成立。更严格地说，NS 协议的响应者 r 对变量 $W^{\#0}$ 有额外的机密性要求。另外，附加的 know($W^{\#0}$) 事件说明了能从敌手知识推导出实例后的消息项 $W^{\#0}$。攻击还要求执行机密性安全断言的实体是诚实的。按照这样的要求，模式变量 $i^{\#0}$ 和 $r^{\#0}$ 的类型必须严格限定为诚实实体 $Agent_H$。

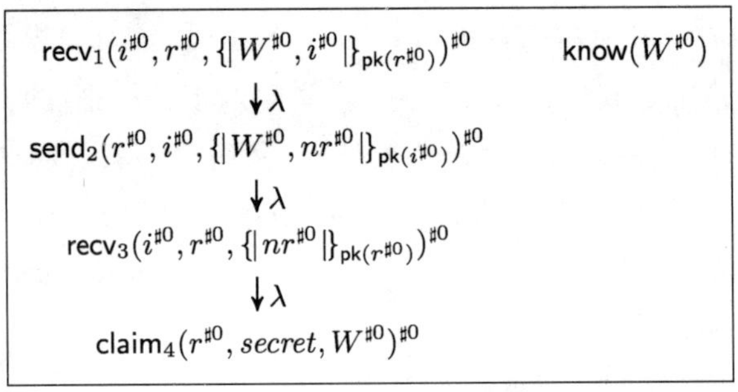

$$\mathsf{recv}_1(i^{\sharp0}, r^{\sharp0}, \{|W^{\sharp0}, i^{\sharp0}|\}_{\mathsf{pk}(r^{\sharp0})})^{\sharp0} \qquad \mathsf{know}(W^{\sharp0})$$
$$\downarrow\lambda$$
$$\mathsf{send}_2(r^{\sharp0}, i^{\sharp0}, \{|W^{\sharp0}, nr^{\sharp0}|\}_{\mathsf{pk}(i^{\sharp0})})^{\sharp0}$$
$$\downarrow\lambda$$
$$\mathsf{recv}_3(i^{\sharp0}, r^{\sharp0}, \{|nr^{\sharp0}|\}_{\mathsf{pk}(r^{\sharp0})})^{\sharp0}$$
$$\downarrow\lambda$$
$$\mathsf{claim}_4(r^{\sharp0}, secret, W^{\sharp0})^{\sharp0}$$

$$type(i^{\sharp0}) = Agent_H \qquad type(r^{\sharp0}) = Agent_H$$

图 5.3　模式描绘了 NS 协议中 r 角色中变量 W 的机密性被违背的所有迹

通过把迹的次序 $\leqslant$ 解释为无标识的边的集合，我们能把一个迹解释为一个模式。相反，一个模式 pt 被当作协议 P 的所有迹的一个过滤器，得到的是匹配该模式的协议的迹的集合。为了定义这种关系，我们定义了 IT 函数，把一个迹表示为非创建(non-create)事件，以及这些事件的实例化。

我们先扩展回合事件实例化的定义，使之可以定义模式事件。对于所有非创建性的回合事件 e 和实例 $inst=(\theta,\rho,\sigma)$，有定义：

$$\langle inst\rangle(e) = \begin{cases} \mathsf{send}_\ell(\langle inst\rangle((r, r' \ m)))^{\sharp\theta}, & e = \mathsf{send}_\ell(r, r', m) \\ \mathsf{recv}_\ell(\langle inst\rangle((r, r', m)))^{\sharp\theta}, & e = \mathsf{recv}_\ell(r, r', m) \\ \mathsf{claim}_\ell(\langle inst\rangle(r), c, \langle inst\rangle(m))^{\sharp\theta}, & e = \mathsf{claim}_\ell(r, c, m) \end{cases}$$

为了方便起见，把每一个迹 tr 当作一个具备全序事件的集合，记为 $tr=(E,\leqslant)$。另外，通常用 tr_E 表示一个迹 tr 的事件集合，用 $tr_\leqslant$ 表示它们的次序。

定义 5.7　实例化(IT)　定义实例化函数 $IT: RunEvent^* \rightarrow PatternEvent^*$ 为：

$$IT([\,]) = [\,]$$
$$IT([(inst, e)] \cdot tr) = \begin{cases} [\langle inst\rangle(e)] \cdot IT(tr), & e\text{ 不是 create 事件} \\ IT(tr), & \text{其他} \end{cases}$$

定义 5.8　协议和模式的迹(Traces of a Protocol and a Pattern)　扩展函数 $traces$，该函数获取某个包含特定模式的协议的迹集合，定义为：

$$traces(P,(E,\to)) = \{tr \in traces(P) \mid \exists\phi,\varsigma : (\forall e,e' \in AgEvent : e \to^* e' \Rightarrow \phi(\varsigma(e)) \leq_{IT(tr)} \phi(\varsigma(e'))) \wedge (\forall t : \mathsf{know}(t) \in E \Rightarrow AKN(tr) \vdash \phi(\varsigma(t)))\}$$

这里的 ϕ 是从协议变量 *PVars* 集合映射到运行项 *RunTerm* 集合的一个良构替换，而 ς 是回合标识符之间的双射替换。

例 5.9　协议模式的迹(Traces of Protocol Patterns)　例 3.37 描绘了例 5.5 的模式的一个迹。特别地，通过把回合标识 0 替换为 2，$i^{\#0}$ 实例化为 A，$r^{\#0}$ 实例化为 B，变量 $W^{\#0}$ 替换为 $ni^{\#1}$，模式的事件在迹中按照规定的次序出现。模式中事件的关系和迹中事件的实例化如图 5.4 所示。

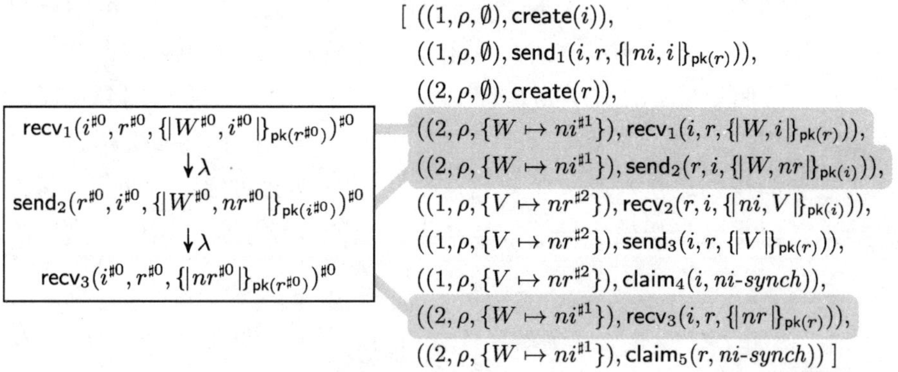

$\mathsf{recv}_1(i^{\#0}, r^{\#0}, \{|W^{\#0}, i^{\#0}|\}_{\mathsf{pk}(r^{\#0})})^{\#0}$
$\downarrow\lambda$
$\mathsf{send}_2(r^{\#0}, i^{\#0}, \{|W^{\#0}, nr^{\#0}|\}_{\mathsf{pk}(i^{\#0})})^{\#0}$
$\downarrow\lambda$
$\mathsf{recv}_3(i^{\#0}, r^{\#0}, \{|nr^{\#0}|\}_{\mathsf{pk}(r^{\#0})})^{\#0}$

$[\ ((1,\rho,\emptyset), \mathsf{create}(i)),$
$((1,\rho,\emptyset), \mathsf{send}_1(i,r,\{|ni,i|\}_{\mathsf{pk}(r)})),$
$((2,\rho,\emptyset), \mathsf{create}(r)),$
$((2,\rho,\{W\mapsto ni^{\#1}\}), \mathsf{recv}_1(i,r,\{|W,i|\}_{\mathsf{pk}(r)})),$
$((2,\rho,\{W\mapsto ni^{\#1}\}), \mathsf{send}_2(r,i,\{|W,nr|\}_{\mathsf{pk}(i)})),$
$((1,\rho,\{V\mapsto nr^{\#2}\}), \mathsf{recv}_2(r,i,\{|ni,V|\}_{\mathsf{pk}(i)})),$
$((1,\rho,\{V\mapsto nr^{\#2}\}), \mathsf{send}_3(i,r,\{|V|\}_{\mathsf{pk}(r)})),$
$((1,\rho,\{V\mapsto nr^{\#2}\}), \mathsf{claim}_4(i, ni\text{-}synch)),$
$((2,\rho,\{W\mapsto ni^{\#1}\}), \mathsf{recv}_3(i,r,\{|nr|\}_{\mathsf{pk}(r)})),$
$((2,\rho,\{W\mapsto ni^{\#1}\}), \mathsf{claim}_5(r, ni\text{-}synch))\ ]$

图 5.4　对应例 5.5 的模式事件(左侧)及一个 NS 协议规范执行的迹事件(右侧)

例 5.10　**协议模式的迹**(Traces of Protocol Patterns)　4.5 节中的攻击迹是例 5.6 中的模式的一个迹。

许多安全属性可以阐述为模式问题。下面首先展示了如何把机密性转化为一个模式的问题。

引论 5.11　**用模式表示机密性**(Secrecy as a Pattern Problem)　令 P 为包含角色 R 的一个协议，因此总有 M 和 s，使得 $P(R) = (M,s)$，这里的 M 表示角色知识集，而 s 表示角色事件序列。令 R 有一个位于特定位置 i 的关于项 rt 的机密性安全断言，如 $s_i = \mathsf{claim}_\ell(R, secret, rt)$。

令 θ 为一个回合标识，ρ 为替换函数，用于把角色名换为绑定了回合变量的角色名，如对于所有 $r \in Role$ 定义 $\rho(r) = r^{\#\theta}$。令 $inst = (\theta,\rho,\emptyset)$。

通过下列公式定义模式 $pt = (E, \to)$：

$$E = \{\langle inst\rangle(s_0), \cdots, \langle inst\rangle(s_i)\} \cup \{\mathsf{know}(\langle inst\rangle(rt))\}$$

且令 $\to$ 定义为：

$$s_0 \xrightarrow{\lambda} s_1 \xrightarrow{\lambda} \cdots \xrightarrow{\lambda} s_i$$

此外，定义

$$\forall r \in dom(\rho) : type(r^{\sharp\theta}) = Agent_H$$

P 的安全断言 s_i 成立，当且仅当 $traces(P,pt) = \emptyset$。

证明 重温定义 4.3：非正式地来说，只有当敌手无法从每个迹中推导出 rt 的实例时，才能说机密性安全断言是正确的，这里的每个回合中的迹都是基于诚实实体的。

我们首先证明如果安全断言 s_i 成立，则 $traces(P,pt) = \emptyset$。可以用反证法证明这个过程。假设上述结论不成立，例如，假设 s_i 成立则一定存在一个迹 tr 满足 $tr \in traces(P,pt)$。因为 tr 包含模式 pt，所以 tr 在某个回合 θ 中也一定包含一个机密性安全断言。根据类型假设条件，θ 中的角色都对应诚实实体。由定义 5.8 及敌手知道 rt，即 know(rt)发生在模式中，机密性断言中的项 rt 的实例也一定在迹 tr 后被敌手推导出。这意味着安全断言 s_i 是不成立的，这个结论与初始假设相矛盾。

其次，我们证明如果 $traces(P,pt) = \emptyset$，则 s_i 成立。这里会再次用到反证法，即先假设 s_i 不成立。根据定义，在某个回合中总有一个迹包含机密性安全断言，参与的角色按照诚实主体的规则运作，且敌手知道这个回合中 rt 的实例。很明显，该迹符合 s_i 不成立的模式，但是这与初始假设迹推导结果为空的假设矛盾。因此，这样的迹是不存在的。

引论 5.11 说明了对机密性安全断言的分析可以简化为集合 $traces(P,pt)$ 是否为空的判定问题。在这种情况下，该模式实质刻画了对安全属性的所有可能的违规行为(攻击)。可以参照例 5.6，该例说明了对机密性断言的所有违规行为。

5.4 节将深入探讨如何把其他安全属性转化为模式问题。

5.2 验证算法

前一节展示了如何把安全断言的正确性判定，如机密性判定，转化为模式迹集合是否为空的问题。现在，将设计一种算法来表达某个模式的迹集合，以便于我们判定该集合是否为空，如果不为空则构建出符合特定攻击模式的迹。该算法的主要作用是发现两种特别类型的模式：可达(realisable)模式和空(empty)模式。

我们先介绍可达模式，然后说明可达模式总是包含某些迹。接下来将介绍空模式，空模式不包含任何特定模式迹。给定一个协议 P 和一个模式 pt，该算法将试图产生一个可达模式集合 $S=\{pt_1,\cdots,pt_n\}$，有：

$$traces(P,pt) = \bigcup_{0<i\leq n} traces(P,pt_i)$$

一般地，如果 $|S| = 0$，协议 P 和模式 pt 的迹的集合为空。另外，如果 $|S| > 0$，说明协议 P 存在某些迹包含特定模式。这样我们可以用该算法分析安全属性。

5.2.1　良构模式

在定义可达模式和空模式之前，我们先介绍一个额外的概念。在模式的定义中，我们不需要变换是良构的。这种设计简化了算法的描述，因为算法处理过程中的一些中间结果可能不是良构的。我们通过对良构断言扩展用于说明协议模式。

定义 5.12　良构模式(Well-Typed Pattern)　令$(E, \to)$为某个协议的一个模式。我们称$(E, \to)$为协议 P 的一个良构模式，当且仅当

$$\forall e \in E \cap AgEvent : \exists M, s, i, \phi, \theta : (M, s) \in ran(P) \wedge e = \phi(s_i)^{\sharp\theta}$$

这里的ϕ是一个良构变换，且 $dom(\phi) = Pvars$；M 是角色初始知识集；s 是角色事件序列。

注意，上面的定义是模式定义的第二个限制条款。

5.2.2　可达模式

由于可以把机密性断言的正确性转化为一个空模式迹的判定问题，而机密性在我们的特定背景中是不可判定的[77]，所以一般对集合 $traces(P,pt)$ 是否为空实质也是不可判定的。然而，对于某些模式可以直接构造出包含该模式的协议迹。把这些模式称为可达迹(realisable patterns)。直观上，我们认为一个模式如果是可达的，则这个模式的所有事件仅发生于敌手知道所有它的输入(inputs)时，该模式还包含之前产生的与输入相对应的输出(outputs)事件。例如，如果一个模式包含一个接收消息 m 的 receive 事件，则敌手必须获知 m[即 know(m)]。在模式中，如果 m 是早期 sent 事件中消息的一部分，则可以确定 receive 事件生效了。还因为我们假设敌手可生成任意类型的项，所以对未实例化的变量可以忽略：敌手总能生成一个合适的项。

定义 5.13　可达模式(Realisable Patterns)　令 $pt = (E, \to)$为一个模式。若 pt 是可达的(realisable)，记为 realisable(pt)，当且仅当$\to$是非循环的且 pt 是良构的，以及满足下列条件：

$$\forall e \in E\ \forall t \in \left(in(e) \setminus PVars\right) \exists e' : e' \to^{*} e \wedge t \in out(e')$$

例 5.14　不可达模式(Patterns That Are Not Realisable)　例如，例 5.5 和例 5.6 中的模式是不可达模式，因为它们的 receive 事件接入边没有它们的 in 集合里的项。例如，令 e 为图 5.2 中的例 5.5 的第一个 receive 事件，有集合：$in(e) = \{i^{\#0}, r^{\#0}, \{|W^{\#0}, i^{\#0}|\}_{pk(r^{\#0})}\}$，该模式没有任何接入边的标识是 in 集合里的项。看第二个例子，在图 5.3 的模式中，know 事件没有接入边，$in(\text{know}(W^{\#0})) = \{W^{\#0}\}$ 且 $W^{\#0} \in PVars$，不过这不是该模式非可达的原因。相反，该模式不是可达的原因是 receive 事件没有接入边。

例 5.15　可达模式例子(Realisable Patterns)　图 5.5 展示了 NS 协议的一个可达模式。

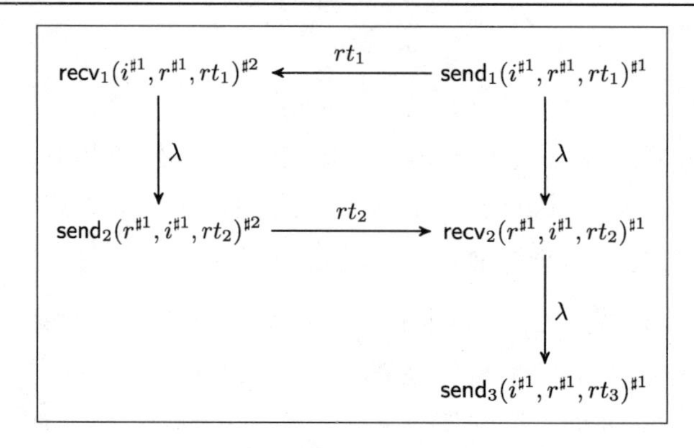

$$rt_1 = \{|ni^{\sharp1}, i^{\sharp1}|\}_{\mathsf{pk}(r^{\sharp1})}$$
$$rt_2 = \{|ni^{\sharp1}, nr^{\sharp2}|\}_{\mathsf{pk}(i^{\sharp1})}$$
$$rt_3 = \{|nr^{\sharp2}|\}_{\mathsf{pk}(r^{\sharp1})}$$

图 5.5 包含 NS 协议角色实例的可达模式

从可达模式可以很容易地生成具备特定模式协议 P 的迹，而且该模式的迹集合是非空的。这可以由以下引论得到。

引论 5.16 令 $pt=(E,\ \to)$ 为 P 的一个模式。令 $\leqslant$ 表示 $\to^*$ 的完全扩展，例如，$\leqslant$ 是一个全序，则有 $(\to^*)\subseteq(\leqslant)$。令 ϕ 为一个良构变换，则有 $dom(\phi)=PVars$，且 $ran(\phi)\subseteq\{m \mid AKN_0 \vdash m\}$。我们很容易把 ϕ 的定义域扩展到模式，例如，把变换 ϕ 应用到模式中出现的所有项。因此，我们有：

$$\exists tr : tr \in traces(P, pt) \wedge IT(tr) = \phi((E, \leq))$$

这里把 $IT(tr)$ 序列看成一个带有关联全序的集合。

证明 假设给定一个模式 $pt=(E,\ \to)$、一个全序 $\leqslant$ 和一个变换 ϕ，都满足引论前提条件。因此通过对模式事件应用变换 ϕ 函数、按照 $\leqslant$ 次序排列事件、去除敌手事件、重新构建适当的 create 事件，可以直接构造出一个迹 $tr \in traces(P)$。

例 5.17 观察图 5.5 的模式，定义 $\phi=[A,B / i^{\#1},r^{\#1}]$，回顾第 3 章的例 3.37，从该迹的第一个事件到首个断言事件（claim_4 之前的事件序列），构成了一个符合图 5.5 所示模式的迹。

5.2.3 空模式和冗余模式

与可达模式相反，某些模式的迹集合为空。特别地，如果 $\to$ 构成环路，则在任何迹中均无法确定所需的事件次序。作为另一种选择，如果该模式不是良构的，则也不存在良构变换对遍历实例化。

定义 5.18 空模式（Empty Pattern） 我们称一个模式 $(E,\ \to)$ 为一个空模式，当且仅当关系 $\to$ 是循环的或 $(E,\ \to)$ 不是良构的。

最后，我们观察到在模式中还包含一些额外的结构，在相应的迹集合中是不可见的。例如，在某个模式中，在两个不同的 send 事件中发送了一个相同的项 t，则对于每个 send 事件和对应的 receive 都有一个关于 t 的绑定，这样的模式或许会对应相同的迹集合。由此引出冗余模式的概念，冗余模式的迹集合能被另外的模式（如非冗余模式）表示。

定义 5.19 冗余模式（Redundant Pattern） 令 $(E, \rightarrow)$ 为一个模式，我们称 $(E, \rightarrow)$ 是一个冗余模式，当且仅当下列某个条件成立：

(i) 某个项被绑定到多个事件，即

$$\exists e, e', e'', e''', t : e \neq e'' \wedge t \neq \lambda \wedge e \xrightarrow{t} e' \wedge e'' \xrightarrow{t} e'''$$

(ii) 某个项没有绑定到之前的合适的事件，即

$$\exists e, e', e'', t : e \neq e'' \wedge t \neq \lambda \wedge e \xrightarrow{t} e' \wedge t \in out(e'') \wedge e'' \rightarrow^{*} e$$

给定一个冗余模式，很容易构造出具有相同迹集合的一个非冗余模式，只需要将所有多次出现的项重新绑定到一个唯一的早期事件即可。

5.2.4 算法概述

算法的基本思路是采用一个（非冗余）模式表示多个迹构成的一个集合，如所有违背了机密性的迹或包含一个特定角色的执行的所有迹。如果模式是非可达的，则一定有某些事件，它们的 in 集合中存在一些项，其初始值不可知。接下来区别这些项可能的起源，得到一个有限的（也许为空）模式集合。这些新的模式都额外地包含了一个由该项标识的边，以及增加了可能的新事件。重复这个过程，丢弃任何中间遇见的空模式和冗余模式，一直到找到一个可达模式，该可达模式和原始模式有相同的迹集合。对于所有安全属性如机密性，依据这样的模式能构造出所有的攻击，换言之，如果可达模式构成的集合非空，则意味着某个安全属性无法满足。

我们通过限定搜索树的大小来确保算法能终止。搜索的一个特性是：伴随更深层的场景区别的处理，一些事件和回合可能被增加到模式中，一旦加入就不再被移除。由于一个模式的任何迹起码包含模式中的角色事件，对于任何模式的更深层，我们在搜索树中搜寻时必须包含更多回合的迹，因此可以用回合数目作为搜索的限制条件，确保搜索可以终止。实际应用中，该算法经常在达到限制回合数前就结束了。后面将说明限制数大小的影响后果。

令 $\perp$ 为一个特殊符号，表示搜索算法到达限制回合数。算法可以简洁地记为：

$$Protocol \times Pattern \times \mathbb{N} \rightarrow \mathcal{P}(Pattern) \cup \{\perp\}$$

以及有下列功能。给定一个协议 P，关于 P 的一个模式 pt，一个整数 m 表示回合限制数，算法返回一个可达模式的集合 S 和可能的终止标识，如

$$\text{REFINE}(P, pt, m) = S$$

要求满足下列几个条件。第一，S 中所有的模式是可达的。

$$\forall pt' \in S \cap Pattern : \text{realisable}(pt') \tag{5.1}$$

第二，如果终止标识⊥不在 S 中，则可达模式集合和输入(input)模式迹集合一样。

$$\bot \notin S \Rightarrow traces(P, pt) = \bigcup_{pt' \in S} traces(P, pt') \tag{5.2}$$

第三，如果⊥出现了，且协议 P 的事件中的项仅包含基本变量(basic variables)，则原始模式的迹要么都在结果集中，要么迹超过了限制数 m。

$$\bot \in S \Rightarrow \forall tr \in traces(P, pt): \left(tr \in \bigcup_{pt' \in S \setminus \{\bot\}} traces(P, pt') \vee runCount(tr) > m \right) \tag{5.3}$$

这里的 *runCount* 函数返回发生在迹中的回合数目。

第四，S 中的模式不存在冗余的模式，冗余定义见定义 5.19。

参数 m 有效地限定了被测试模式的最大界限（按照回合数目）。然而，尽管设置了模式搜索界限值，但该算法实际能够验证任意数目回合的许多协议的安全属性。主要原因是对于大多数协议模式而言，所有可能的迹总能在有限回合内用可达模式表述。因此，在多数实际场景中，搜索树的深度相对比较小。设置界限值用于处理小概率的深层搜索场景。对于深层搜索，虽然在“浅层”没有找到攻击，但是界限值的设置允许算法仍然可以提供有用的信息。如果到达界限值，分析结果类似于有界模型检测工具的验证结果，如 OFMC[22]、Sat-MC[13]、Casper/FDR[107]或 Cl-Atse [157]。我们指的是有界验证：如果达到界限值，可以保证在小于界限值的回合数内没有攻击。相反，在另外很多情况下，还没有到达界限值而算法证明了不存在攻击，如完全(即无界限)验证。

5.2.5 模式精炼

通过增加事件、增加边或应用良构变换，模式可以被精炼(*refined*)。给定一个协议 P，我们称 pt' 精炼 pt，记为 $pt' \subseteq pt$，当且仅当 $traces(P, pt') \subseteq traces(P, pt)$。

算法搜索所有可能的路径来精炼模式到非冗余可达模式。如果一个模式 $pt=(E, \rightarrow)$ 是不可达的，且 $traces(P, pt) \neq \emptyset$，则一定存在某个事件的 *in* 需求（可达模式的要求）无法满足。非形式化地说，这对应着某一个来源不明的消息成分，即我们不知道敌手如何生成一个消息项。使用启发式搜索功能函数 *selectOpen*，我们能找出这样的一个项，如选择一个事件 ge 和一个项 gt，要求 $ge \in E$，$gt \in in(ge)$ 且没有 e 满足 $e \xrightarrow{gt} ge$。我们称这样的一个元组 (ge, gt) 为一个空门(open goal)。启发式搜索影响算法的性能，将在 5.5.1 节中介绍。

现在对可能的路径做场景分析，一个敌手通过该路径获得某个敏感的消息成分。如果 $traces(P, pt)$ 不为空，一定有模式 $pt_1, \cdots, pt_n$ 按照某些次序 $\rightarrow_{pt_i}$ 和某些变换 ϕ 精炼了

pt。这些模式还包含一个事件 e 满足 $e \xrightarrow{\phi(gt)}_{pt_i} \phi(ge)$，因此 $\phi(gt) \in out(e)$。非形式化地说，敌手从 e 事件中获得需要的消息成分。注意，这个获取的时间可能是模式 pt 的一个元素(按照某种变换)，也可能不是。

当 e 是一个解密事件时，存在一个项 $\{|t1|\}_{t2}$ 满足 $\phi(gt) \in unpair(t1)$。如果再次考虑加密项的可能来源，它一定是某个解密事件的结果，或者类似事件。然而，因为协议事件的前导事件总是有限的，所以我们可以多次应用场景分析直到找到第一个非解密事件，在该事件中我们通过解配和加密复合操作可以推测出 gt。按照模式的定义，需要消息一定在第一个事件中，第一个事件一定是一个协议事件。观察算法，它的必要处理过程一定有：将(有限的)多次解密序列分解为一个单一的回衔搜索步骤。

我们总结出，对于在一个模式 pt 上下文环境中的 gt 的所有可能来源，可以有以下三种场景。

(i) 构建(Co)：

敌手通过应用函数或加密构建出 gt。

(ii) 已有解密链(DeEx)：

gt 是模式 pt 中一个事件的消息萃取结果，该结果可能在重复解密和投影后，或者在实例变量后。

(iii) 未知解密链(DeNew)：

gt 是模式 pt 中一个不存在的协议事件的消息萃取结果，该结果可能在重复解密和投影后，或者在实例变量后。

在算法中按照上述场景消息来源类别执行场景分析。对于第一种情况，仅对消息做简单检查，检查该消息是否存在及其对应的场景。对于最后两种情况，gt 的获取可能在重复解密和对子的选择投影后，我们需要截获所有具备 $t2$ 项格式的 $t1$ 项。为了处理上述场景，我们把一致置换扩展为解密一致置换。

定义 5.20 通用解密一致置换(Most General Decryption Unifier) 令 ϕ 为一个良构变换。令 L 为一个模式项的序列。我们称 (ϕ, L) 为项 $t1$ 和 $t2$ 的一个解密(*decryption unifier*)置换，记为 $(\phi, L) \in DU(t1, t2)$，只要满足下列条件之一：

(i) $L = [\,] \wedge \phi(t1) \in unpair(\phi(t2))$；

(ii) $L = L' \cdot \left[\{|t|\}_k\right], \{|t|\}_k \in unpair(\phi(t2)) \wedge (\phi, L') \in DU(t1, t)$。

我们称一个解密置换集合 S 为 $t1$ 和 $t2$ 的通用解密一致置换，记为 S=$MGDU(t1,t2)$，当且仅当：

(i) 对于所有的 $(\phi, L) \in S$，有 $(\phi, L) \in DU(t1, t2)$；

(ii) 对于所有解密置换 $(\phi, L) \in DU(t1, t2)$，总有一个 $(\phi', L') \in MGDU$，以及有另一个置换 ϕ''，满足 $\phi' = \phi \circ \phi''$。

例 5.21 MGDU 令 X 和 Y 为基本变量，h 为函数符号，$t1$、$t2$ 和 $t3$ 为常量，有:

$$MGDU(X, (t1, \{\!| Y, h(t2) |\!\}_{t3})) = \{ (\{X \mapsto t1\}, [\,]), \\ (\{X \mapsto Y\}, [\{\!| Y, h(t2) |\!\}_{t3}])\}$$

例 5.22 MGDU　令 X 和 Y 为基本变量，h 为函数符号，$t1$、$t2$ 和 $t3$ 为常量，有：

$$MGDU(\{\!| t2, h(X) |\!\}_{t4}, (t1, \{\!| t2, h(t3) |\!\}_{Y})) = \{ (\{X \mapsto t3, Y \mapsto t4\}, [\,])\}$$

例 5.23 MGDU　令 X 和 Y 为基本变量，h 为函数符号，$t1$、$t2$ 和 $t3$ 为常量，有：

$$MGDU(t1, \{\!| X, \{\!| Y |\!\}_{t2} |\!\}_{t3})) = \{ (\{X \mapsto t1\}, [\quad \{\!| X, \{\!| Y |\!\}_{t2} |\!\}_{t3}]) \\ (\{Y \mapsto t1\}, [\{\!| Y |\!\}_{t2}, \{\!| X, \{\!| Y |\!\}_{t2} |\!\}_{t3}])\}$$

我们用函数 *chain* 求出通用解密一致置换的结果集。再次回顾一下，*MGU* 表示两个项的通用一致置换。

$$chain(t1, t2) = \{(\phi, [\,]) \mid t' \in unpair(t2) \wedge \phi = MGU(t1, t')\} \\ \cup \{(\phi, L \cdot [\{\!| t |\!\}_{k}]) \mid \{\!| t |\!\}_{k} \in unpair(t2) \wedge (\phi, L) \in chain(t1, t))\}$$

chain 函数返回一个有限的对子的集合。

如果 $t2$ 中的所有变量都是基本变量，有 $chain(t1,t2) = MGDU(t1,t2)$。如果 $t2$ 包含非基本变量，有 $chain(t1,t2) \subseteq MGDU(t1,t2)$，这是因为在变量用对子实例化的情况下可能会丢失信息。

在算法中，我们从事件的 *out* 集中构建消息项链条。为了方便，我们定义函数 *Echain*，针对某个项，可以从事件集的 *out* 集中构建所有消息链。

$$Echain(t1, E) = \{(e, \phi, C) \mid e \in E \wedge t2 \in out(e) \wedge (\phi, C) \in chain(t1, t2)\}$$

上述函数返回一个对子的有限集。

如果增加协议事件到模式，则必须确保模式符合协议一致性需求，即定义 5.4 中的第 4 点。特别要求在增加的事件前的所有事件都必须符合角色次序。[①]

精炼(Refine)算法过程如算法 5.1 所示。5.3 节中给出了算法遍历其搜索空间的例子。

算法被设置为可以被终止。在每一次循环处理中，某个没有接入边事件的 $in(e)$ 集合中的项在处理之后减少，或者增加了诚实实体的事件。通过这两个元素构建的措施可以确保算法终止。

对于式(5.2)中的处理无限回合验证的安全验证，算法为了确定接受事件必须遍历所有搜索空间，如对消息所有可能的来源都必须予以考虑。

定理 5.24 令 pt 为某个安全协议 P 的一个模式，m 为整数。令 $S = \text{REFINE}(P,pt,m)$，且 $\perp \notin S$。则有：

$$traces(P, pt) = \bigcup_{pt' \in S} traces(P, pt')$$

简略证明 如果精炼算法返回一个非空的可达模式集合 S，按照模式精炼的概念，可以直接看到模式集中的任一迹都展示原始模式 pt。而 S 中模式 pt 的所有迹都是可达

① 注意，可以把一个项绑定到某个回合的一个事件上，这里的回合标识已经在模式中出现，但是事件还没有，这是因为模式包含的只是一个部分的回合。这种情况在 DeEx 场景中处理，必须考虑模式中的部分回合的所有可能的扩展。

的。令 t 为 $traces(P,pt)$ 的一个迹。算法对于 P 所有可能的迹都按照模式 pt 来精炼，这样每一个精炼都包含 t。特别地，迹 t 中的所有接收事件必须由一系列前驱事件驱动。这些前驱事件必须拥有非空的 *out* 集合，这些事件为 send、decr、encr 或 init 事件。对于所有事件的类型和所有可能的回合标识，把它们当成树的不同分支。这些标识包括模式中已经有的回合标识和某个新鲜的(如还未在模式中出现的)回合标识。这种情况下，一个解密的(decr)事件被假定为驱动事件，总有一个有限的解密事件链在一个非加密事件之前。

算法 5.1 REFINE(P，pt，m)

要求：P 为协议，pt 为模式，m 为整数说明最大回合。

保证：返回一个可达模式集(realisable patterns)。当所有可达模式集无法终止时，集合必须包含特殊终止符号“⊥”。

```
if runCount(pt) > m then
  return {⊥}
else
  if empty(P,pt) ∨ redundant(P,pt)    then  //判断空或冗余?(定义 5.18、定义 5.19)
    return ∅
  else
    if realisable(P,pt)    then
      return {pt}
    else        // pt 不可达
      (ge,gt) ⇐ selectOpen(pt)  // 应用启发搜索找出未绑定项，
      // 且应用场景辨析找出早期可能的 gt 绑定
      Co,DeEx,DeNew ⇐ ∅,∅,∅
      if ∃ t1,t2:gt = {|t1|}t2 then
          pt' ⇐ pt ∪ {encr(gt) -gt-> ge}
          Co ⇐ REFINE(P, pt',m)
      end if
      if ∃ f,t:gt = f(t) then
          pt' ⇐ pt ∪ {app(gt) -gt-> ge}
          Co ⇐ Co ∪ REFINE(P, pt',m)
      end if
      for all (e, φ ,C) ∈ Echain(gt,E_pt) do
          pt' ⇐ φ(pt ∪ {e -Cn-> ···decr(Ci)··· -gt-> ge})
          DeEx ⇐ DeEx ∪ REFINE(P, pt',m)
      end for
      for all (e, φ ,C) ∈ Echain(gt,ev(P)) do
        if e is not an init event then
          newid ⇐ a run identifier that does not occur in pt.
          for all x ∈ runIDs (pt) ∪ {newid} do
```

$\phi' \Leftarrow \phi \cup [x/\tau]$

$pt'' \Leftarrow \phi'(pt \cup \{e \xrightarrow{C_n} \cdots \mathrm{decr}(C_i) \cdots \xrightarrow{gt} ge\} \cup \{e' \mid e' <_{role(e)} e\})$

$DeNew \Leftarrow DeNew \cup \mathrm{REFINE}(P, pt'', m)$

end for

end if

end for

return $Co \cup DeEx \cup DeNew$

end if

end if

end if

5.3 搜索空间遍历实例

本节给出一个例子利用算法遍历搜索协议。分析实例是具有类型变量的Yahalom-Lowe 协议，如图 5.6 所示。当提供了基于诚实实体的初始角色 i、类型变量和初始敌手知识集{kA,E}后，我们展示了模式精炼算法是如何遍历搜索空间的。本例中假设回合绑定值至少为 3。

图 5.7 提供了算法的高层搜索遍历(搜索树)概要。有关细节见图 5.8、图 5.9 和图 5.10。

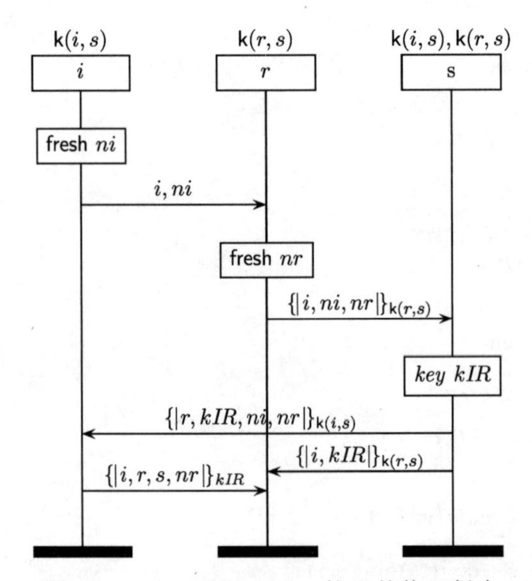

图 5.6 Lowe 对 Yahalom 协议的修正版本

本例描述了对一个模式的搜索，该模式是以协议发起者的诚实角色 i 身份运行的实例。最初，角色被实例化为一个模式，任意给实例分配回合标识 0，然后角色变量 $i^{\#0}$、$r^{\#0}$、$s^{\#0}$ 的类型被严格限制为诚实实体 $Agent_H$。该模式包含实例化角色的次序化事件，敌手的 init 事件(C.0，如图 5.8 所示)的初始化构建了敌手的初始知识集。

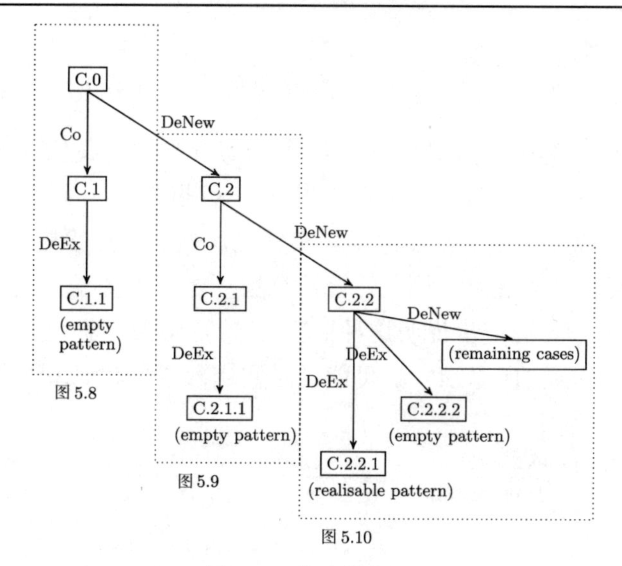

图 5.7 搜索树概要

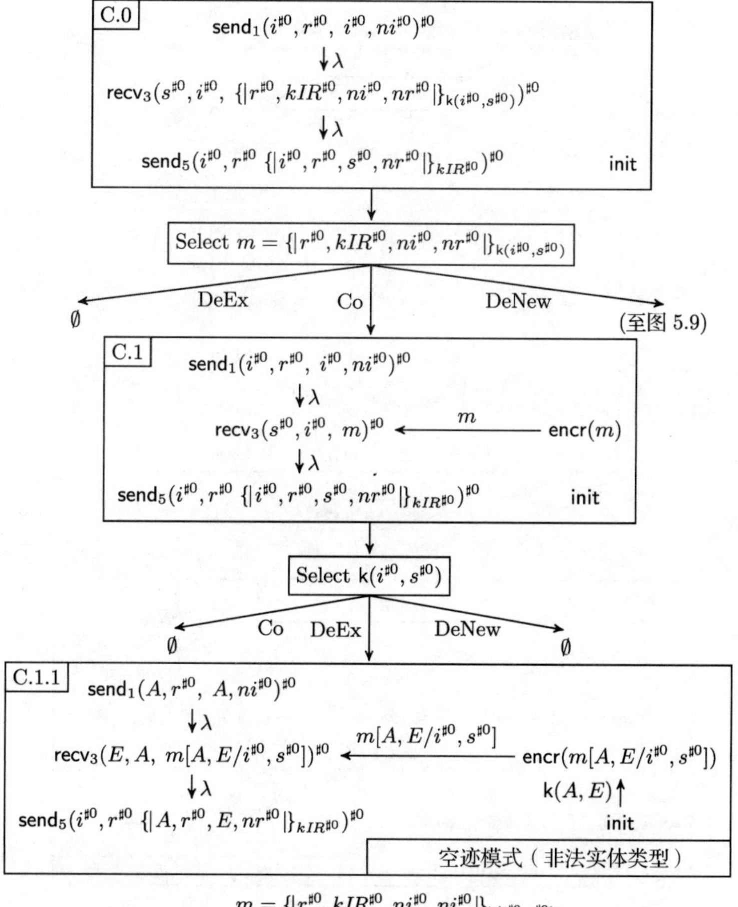

$$m = \{|r^{\sharp 0}, kIR^{\sharp 0}, ni^{\sharp 0}, ni^{\sharp 0}|\}_{\mathsf{k}(i^{\sharp 0}, s^{\sharp 0})}.$$

$$type(i^{\sharp 0}) = type(r^{\sharp 0}) = type(s^{\sharp 0}) = Agent_H, \quad AKN_0 = \{\mathsf{k}(A, E)\}$$

图 5.8 搜索树第一部分

C.0 是一个非空模式。而且，它是不可达的，因为这里有一个开端：对于接收项，接收事件的项 $\{|r^{\#0}, kIR^{\#0}, ni^{\#0}, nr^{\#0}|\}_{k(i^{\#0}, s^{\#0})}$ 没有接入边。由于该项不是一个元组，所以对于启发算法只有一个选择，且必须对该项进行场景辨析。我们要区分出该加密项的所有可能来源。首先考虑从已经存在的模式(DeEx)事件中得到的解密链。由于变量的类型都已确定，所以以 $nr^{\#0}$ 不能被非原子项实例化。然而，在给定模式的事件的 *out* 集合中，不存在任何可能的解密链。因此，该消息项一定是来源于模式之外(DeNew)的解密链的事件。图 5.9 中会进一步说明这种情况(C.2)。最后一种可能是直接创建(Co)。因为接收到的项是加密项，所以唯一的可能就是它由敌手创建。这导致 C.1 的后续推断。

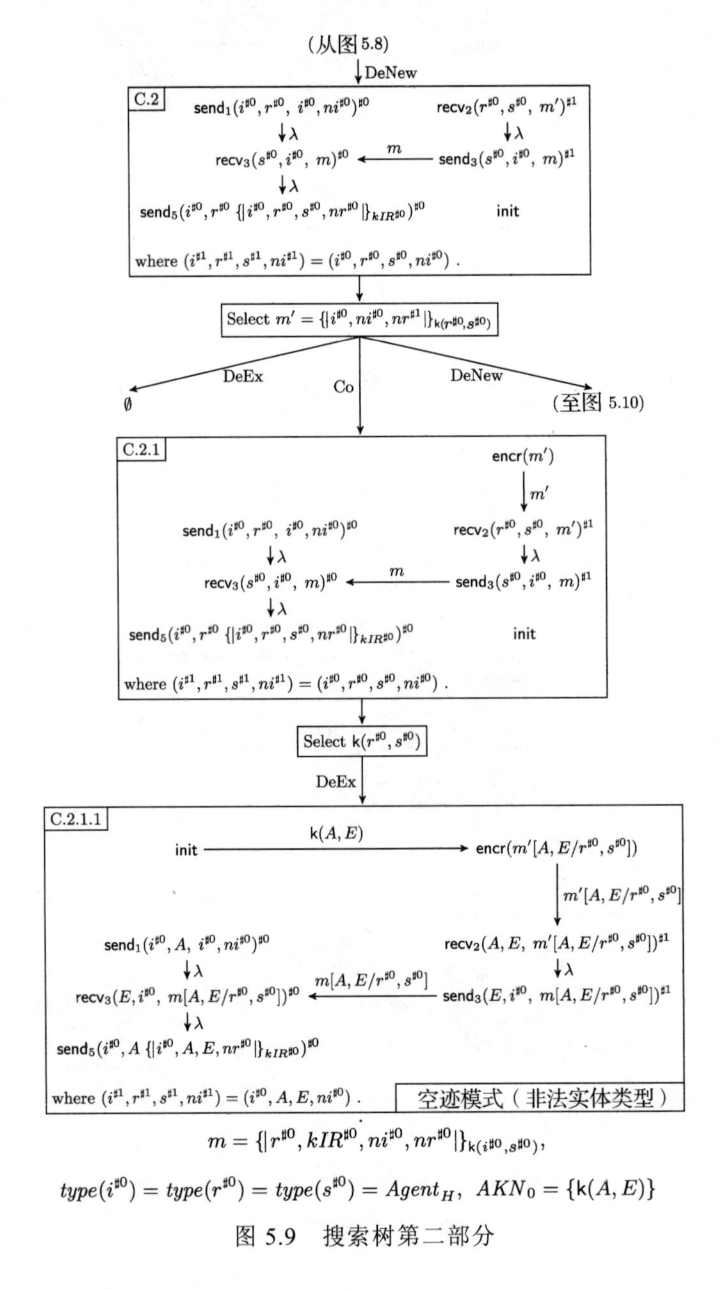

$$m = \{|r^{\#0}, kIR^{\#0}, ni^{\#0}, nr^{\#0}|\}_{k(i^{\#0}, s^{\#0})},$$

$$type(i^{\#0}) = type(r^{\#0}) = type(s^{\#0}) = Agent_H,\ AKN_0 = \{k(A, E)\}$$

图 5.9 搜索树第二部分

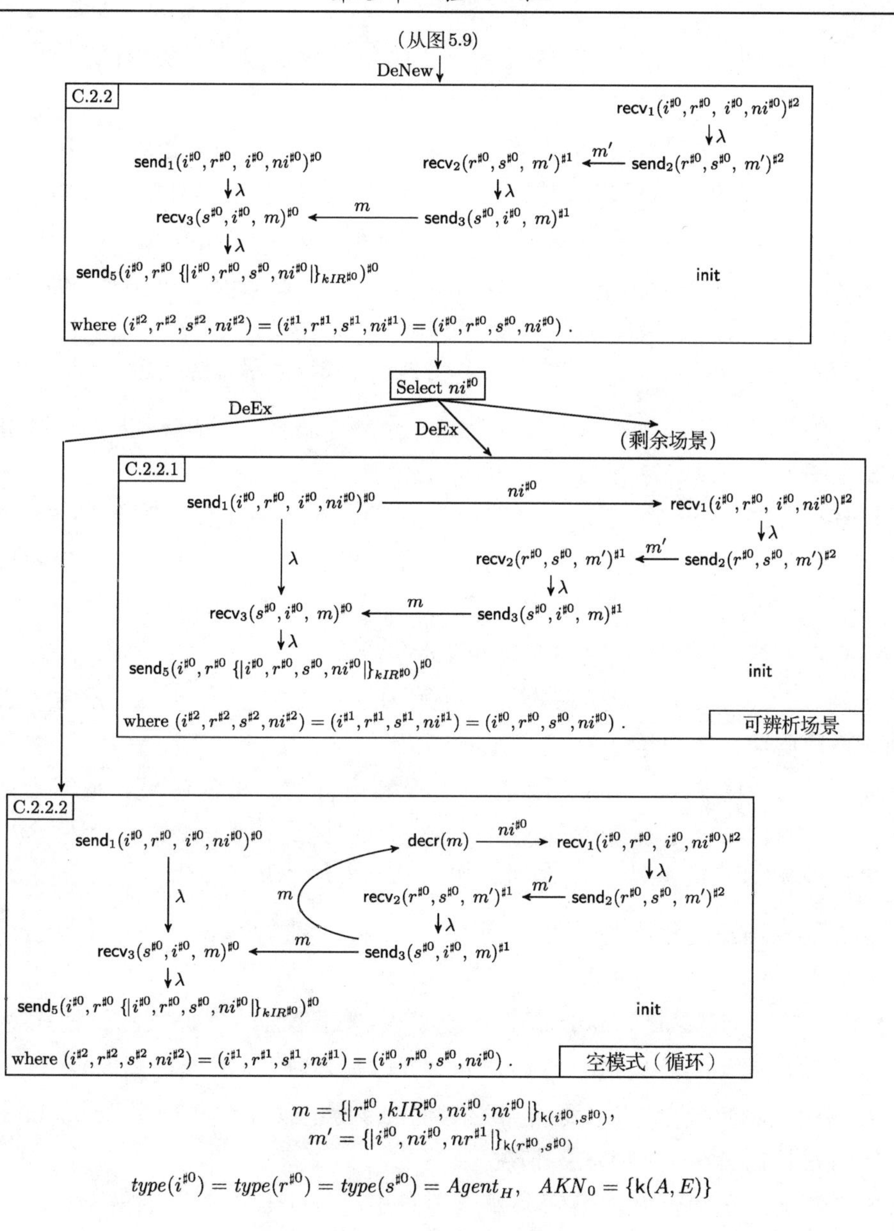

图 5.10 搜索树第三部分

C.1 通过增加一个加密消息的事件精炼了 C.0，以及实现了一个加密事件到接收事件的绑定。虽然接收消息现在被绑定，但模式既非空也非可达，因为对于加密事件现在引入了两个新的开端：被加密消息和加密密钥。这里，启发算法将选择一个开端进一步分析。假设启发算法选择了密钥 $\mathsf{k}(i,s)$。

对于密钥没有创建规则。协议事件中没有解密链，变量都被类型化固定且没有协议事件在某个位置向外发送密钥。这样，唯一可能的来源就是解密链长度为零的初始知识事件 init，角色 A 对应 $i^{\sharp0}$，角色 E 对应 $s^{\sharp0}$。于是可以推导出 C.1.1。

模式 C.1.1 的结果为空，这是因为实例化的角色变量违背了类型的初始假设，即：运行实体 $E \notin Agent_H$。

现在考虑从 C.0 得到的 DeNew 场景。这里，我们观察到加密项(具有 4 个基本项的元组)的来源是 s 角色的发送事件。因此，我们增加了一个事件的前缀闭实例，用未被使用的回合标识 1 予以区别。这种情况如 C.2 所示。为了相互统一，所有回合中的 i、r、s 和 ni 变量必须相同。回合 1 中的相应变量要用回合 0 中的对应变量代替。

C.2 模式中的结果只有一个开端，即由启发算法选中加密消息 $m' = \{| r^{\#0}, kIR^{\#0}, ni^{\#0}, nr^{\#1} |\}_{\mathrm{k}(i^{\#0}, s^{\#0})}$。对于这个格式的加密项，我们观察到已有事件(DeEx)中没有对应的解密链。然而，加密可以是另一个新事件的一个解密链(长度可能为 0)，这种情况在图 5.10 的 C.2.2 场景中说明。

先考虑 C.2 的 Co 场景。给该场景增加一个合适的加密节点，导致图 5.9 的 C.2.1。对于加密事件 C.2.1 有两个开端：被加密的消息及密钥。我们再次假设启发算法选择了密钥 $\mathrm{k}(r^{\#0}, s^{\#0})$ 进行场景辨析。与 C.1 类似，密钥只能来源于初始事件的零长度的解密链。对变量的统一和绑定在 C.2.1.1 中显示。

类似于 C.1.1，C.2.1.1 为空模式，这是因为模式变量 $s^{\#0}$ 等于 E，违背了类型假设中的诚实实体限制，这里的 $s^{\#0} \in Agent_H$。

返回到 C.2，接着考虑加密项来源于一个新事件的解密链结果。依据给定形式的加密项，唯一的可能就是响应者角色的 send 事件。因此，我们增加了用回合标识 2 说明的新事件及它的前缀事件。接收到的加密消息 $\{| r^{\#0}, kIR^{\#0}, ni^{\#0}, nr^{\#1} |\}_{\mathrm{k}(i^{\#0}, s^{\#0})}$ 必须和标识为回合 2 的发送消息相匹配。对变量 i、r、s 和 ni 进行替换，在三个回合中必须互相一致，如图 5.10 的 C.2.2 所示。

C.2.2 仅有一个开端 $ni^{\#0}$，这是因为接收事件的 in 集合的其他项都是模式变量。$ni^{\#0}$ 是一个原子项，因此不可构造。然而，$ni^{\#0}$ 可以是各种(新的或已知的)事件的某个解密链结果。为了简洁起见，本书不再讨论其他的场景，仅在图形中用“remaining cases”表示。接着讨论两种可能的 DeEx 情况。

第一种情况，在回合 0 的第一条发送消息中有一个长度为零的解密链，明文发送了 $ni^{\#0}$。精炼该模式导致了 C.2.2.1。该模式是可达的，即没有环路且所有接收消息都有所说明。这样，它就是算法的输出。

另一个 send 事件具有回合标识 1，解密链长度为 1。增加适当的解密事件和绑定后得到 C.2.2.2。但是，该模式构成环路，结果为空。

其他场景也仅产生空模式，算法最后返回 C.2.2.1。

5.4 使用模式精炼验证安全属性

接下来展示算法用于分析协议安全属性和协议特征(characterisation)。

机密性分析 在算法的预处理过程中，安全属性被自动变成某个模式，描述了所有违背该属性的迹，如 5.1 节所示。

接下来对 P、pt、m 应用精炼算法，设置最大回合数 m 且返回结果集合 S。结果有以下三种情况。

(i) $S \cap Pattern \neq \emptyset$：根据引论 5.16，从每个 $S \cap Pattern$ 中的元素，我们可以直接构建具备模式 pt 的协议 P 的迹，得到攻击迹。机密性被违背，即安全属性无法满足。

(ii) $S = \emptyset$：根据式(5.2)，我们知道没有迹符合模式，因此没有攻击。这也包括无限回合验证。

(iii) $S = \perp$：基于式(5.3)，可以推断出在 m 或更小的回合内没有攻击，这是有限回合验证。给算法提供一个大的参数 m 仍然将得到有限界的验证或攻击。

安全协议特性描述 特性描述(Characterisation)，如参考文献[74]所描述，提供了协议所有可能行为的一个简洁有限的表示。该方法为所有角色提供了包含角色实例的所有迹的一个有限表示。特性描述直接对应算法的函数功能，接着用算法测试模式，该模式包含：(1)角色 r 的事件，事件次序符合角色规范，仅包含诚实实体名称；(2)敌手初始化知识事件 init。如果算法结果中不包含终止符号⊥，算法将提供一个完全的特性描述。如果算法结果中包含终止符号⊥，意味着它所有的特性化迹都能被可达模式表示，且模式的回合数少于 m。

例如，5.3 节中的协议是 Yahalom-Lowe 协议的协议发起者 i 的角色特性描绘。返回的结果是一个单元素集，即图 5.10 中的模式 C.2.2.1。非形式化地说，这意味着每个迹包含了诚实发起者角色的实例，从 C.2.2.1 得到的模式一定会出现。

注意，我们的精炼算法产生的特性描述和参考文献[74]所表示的特性描绘略有不同。在第 8 章将详细说明它们的差异。

认证属性分析 为了分析认证属性，我们首先应用特性描述过程，对每个可达模式检查认证属性是否满足。允许验证的属性包括存活性或非单射消息一致性等。还能高效地验证其他相关属性如非单射同步一致性。

再次考虑 Yahalom-Lowe 协议的 i 角色的特性描绘，如图 5.10 中 C.2.2.1 返回的单一模式。从这个模式来说，我们发现其他角色实体的存活性能成立，因为所有返回模式(本例只有一个)包含的事件都是被这些实体执行的。此外，i 角色最后的非单射同步一致性断言也能满足，这是因为所有在角色最后之前的事件，都以正确的次序发生在模式中。

5.5 启发式算法和参数选择

5.5.1 启发式算法

算法中的启发式搜索(*selectOpen*)决定了算法的有效性和效率。一个开端就是一个(ge,gt)，这里有$gt \in in(ge)$，为了得到一个可达模式，需要有一个标识为gt的接入边。在多个开端中，启发算法选择出其中一个，用于场景辨析和模式精炼。虽然算法在以后的迭代处理中会绑定其他开端，但任何由场景辨析和精炼步骤产生的替换都将影响以后的分支处理。此外，对于某些启发搜索，矛盾状态(如空迹集模式)可能在循环迭代的早期就出现。这意味着启发式搜索不仅影响验证的速度，还能减少具备完全验证的场景的数目。

为了找到假冒攻击或证明无限回合下的安全性，我们选择一个优化的启发式搜索验证算法的有效性：即使选择一个较小的参数 m，也能为尽可能多的协议做无限回合验证。当然，如果某些协议不满足无限验证，则会牺牲部分效率。

虽然启发式搜索直接关系到算法的有效性和效率，但是它不影响算法的正确性。我们设计了超过 20 种启发式搜索，并研究了它们的有效性。经过考察，我们列出 5 种核心搜索，按照它们的有效性排列。

- 启发式 1：随机(*Random*)。多场景分支时任意选择其中一个。
- 启发式 2：常量(*Constants*)。对于每个开端项 t(t 有多个常量子项)，用常量数目除以 t 的所有基本项数目，得到某个比率。选择比率最高的开端。
- 启发式 3：对应解密事件所需的密钥的开端，赋予较高的优先级。除非这些密钥已经在初始敌手知识集中。
- 启发式 4：优先考虑包含一个私钥子项的开端；接着，优先考虑包含一个公钥的开端；赋予其他开端项较低级别。
- 启发式 5：综合运用启发式 2、3 和 4，这里先应用启发式 4。若有相同优先级的开端，再考虑应用启发式 2 和 3。

在确立每个启发搜索的相关有效性时，第一个启发式可以作为一个参考。第二个启发式基于的客观事实是，具有更多特定回合的常量的项仅被绑定到每个特定的发送事件(请对比带有许多全局变量或变量的项)，这样的好处是带来较少的场景辨析。第三个启发式说明敌手总有极少数方法获得一个解密密钥，通常这样的密钥敌手是无法获知的。第四个启发式提出了最高优先级的场景。例如，敌手用某个密钥解密了某些消息，这个密钥正式用户从来没有发送过，一般是某个长期密钥，这些推测分支往往导致出与初始假设相反的矛盾。最后，第五个启发式是前三种的复合体，综合考虑了各种功能权重，通常按照最佳性能次序处理。

给定一个合适的低参数设置，如设置 $m = 4$，看看不同启发式的执行效果，其中待测试 128 个协议规格，有 518 个安全断言。测试集包含了 SPORE 库[149]里的大多数协议，大多来源于各种科技论文，有一些是已有协议的变形，以及一些新的协议，都用 Scyther 分析系统建立了协议规格。对于循环处理的时间做了限制，时间限制用于终止测试，仅用于前两种启发式。图 5.11 中展示了使用不同启发式对状态遍历数的影响。图中清晰地表明第五种启发式的状态遍历几乎是随机启发式的 1/40。直观上说，这意味着能避免不必要的分支，且能在更少的循环中找到矛盾迹模式。

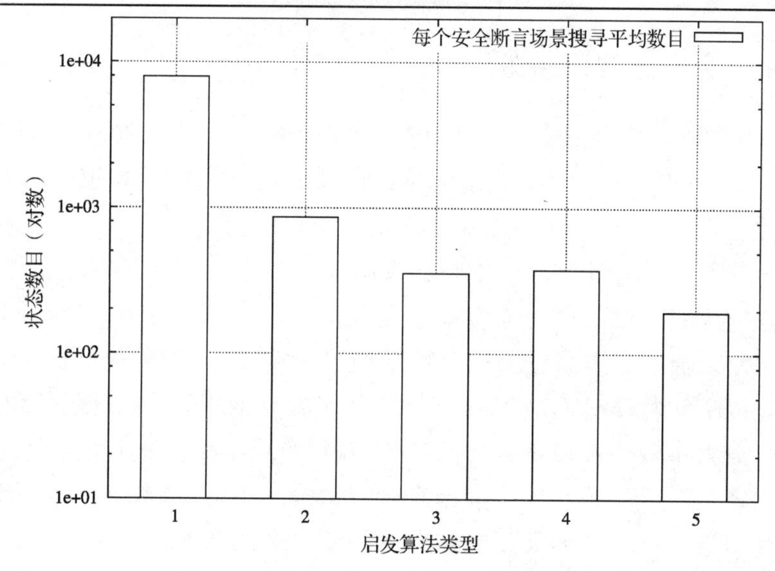

图 5.11 不同启发式类型的遍历状态数目(518 个断言，有界回合限制)

启发式的有效性很大程度上取决于被分析的特定协议，因此很难对整个测试集结果做出分析解释。然而，看起来启发式 2、3 和 4 性能相接近，启发式 5 具有最佳性能。

各个启发式最终完成完整特性描绘的结果如图 5.12 所示。对于启发式 1，我们得到的完整结果(基于完全特征)只有所有断言的不到 30%。以后的启发式逐步增加，启发式 5 最终达到 82%的结果。换言之，如果使用启发式 5，对于测试集中 82%的断言，算法能够找到一个攻击，或者在无限回合的情况下验证协议的安全性。其余 18%的场景，算法的验证结果说明在 4 个或更少回合内协议没有攻击，当然，如果设置为 5 个或更多回合数，则可能存在攻击。因此，最终我们在所有启发式中选择了启发式 5。

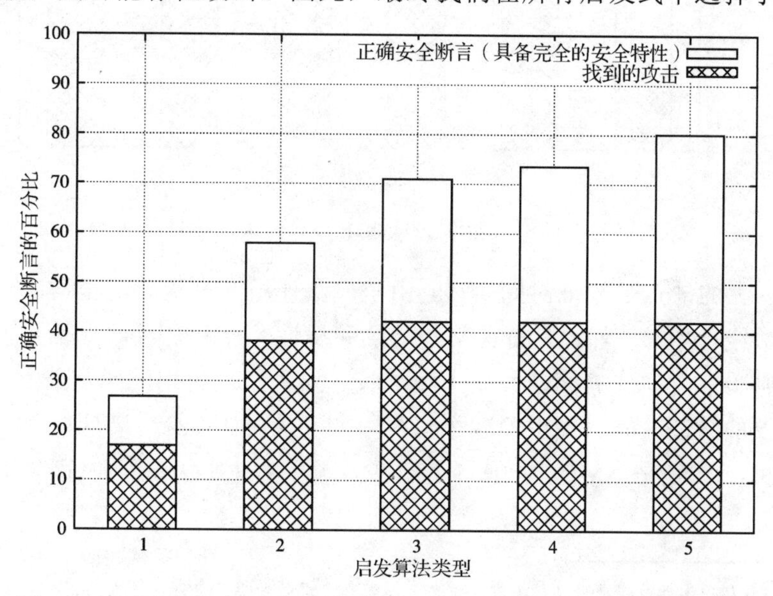

图 5.12 不同启发式对可判定性的影响(518 个断言，有界回合限制)

5.5.2 选择一个合适的回合数

在本书的协议安全分析中，除参考文献[116]中的 $f^N g^N$ 协议族以外，我们的确没有发现在 $x+1$ 回合外有任何攻击，这里的 x 是协议的角色数目。这些例外特指某类协议在 N 回合内是正确的，但是在 N+1 回合内是不正确的。①

这标志着对于实际的目标，初始验证仅用 3 或 4 个回合就足够了。如果较少回合的验证没有找到攻击，也没有完成协议的完全特性描绘，则可考虑增加回合的数目。

设置较高的回合数能提高整个完全特性描述的完成率，同时也增加了验证的时间，因此必须在完成率和验证时间之间取一个折中。基于前述图中相同的协议集合，我们还研究了回合数大小对特性描述数目的影响。图 5.13 展示了当使用启发式 5 时，不同回合数和可判定性结果的关系，这里没有对测试时间予以限制。6 个回合和 7 个回合的结果是一样的，不过，一般更高的回合能判断更多的断言。在测试中，在 3 回合以上并没有发现更多的攻击，另外一些额外的断言也可以证明在无限回合中是安全的。

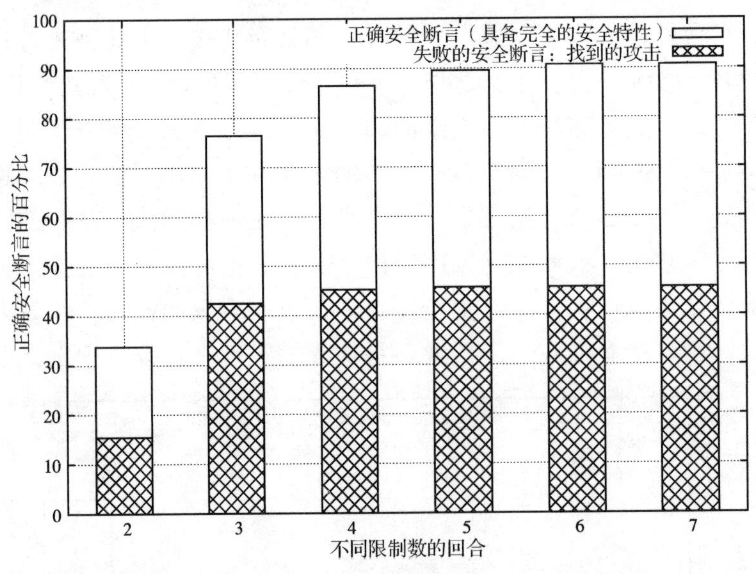

图 5.13 不同回合数对测试集中协议的可判定性的影响

回合数太大的缺点是验证时间太久。由于算法使用深度优先的搜索，所以消耗的内存按照回合数线性增长。然而，对于某些协议和属性，若无限回合验证无法奏效或无法找到攻击，则验证时间依据回合数呈指数增长。对于某些特别的回合数，图 5.14 展示了测试集协议的验证时间。图中的各个消耗时间和图 5.13 的结果是吻合的。测试环境是一台台式机，CPU 是 AMD 3000+ 闪龙(实际频率为 1.6 GHz)，内存为 1 GB。②很明

---

① 似乎协议角色数和攻击涉及回合有某种关联。总之，不可判定难题[77]意味着对于所有协议不存在这样的边界数，但是仍然可以对可判定子类[156]设置一个下界值。

② 注意，因为算法使用的是多循环的深度优先搜索，所以对使用内存的大小不敏感。

显，回合数如果取最大值，尽管算法的验证时间对大多数协议来说是个常量，但是对于这么一个大的协议集合所需的验证时间是呈指数增长的。这也和参考文献[140]的结果一致。

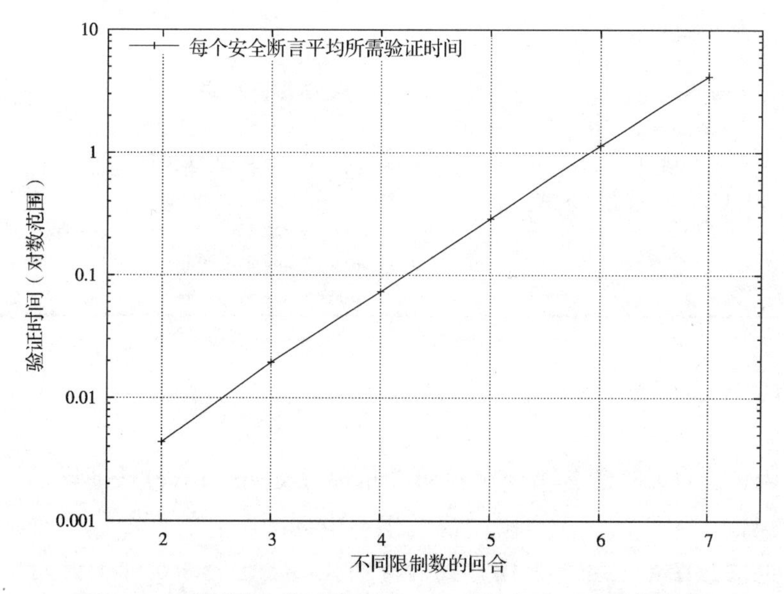

图 5.14 不同回合数对协议中 518 个断言验证时间的影响

测试集中的协议在使用较小回合数时就能找到攻击，即使设置更多的回合数也未能发现新的攻击。为了评估 Scyther 搜寻更多攻击的能力，我们分析了前述参考文献[116]中的 $f^N g^N$ 协议族。这些协议经过特殊设计，在理论上展示了不同回合数目对攻击的潜在影响。对于 $N > 2$，协议 $f^N g^N$ 在 N 或更少回合内没有攻击，但是在 $N + 1$ 个回合时一定存在某个攻击。协议仅包含 4 个角色和 4 条消息，参数 N 主要影响到消息的大小(通过增加随机数和变量的数目)。Scyther 能产生预期的结果：给定协议 $f^N g^N$，设置回合限制值 $m \leqslant N$，能顺利完成有界验证。若 $m > N$，总是可以发现一个攻击。作为一个极端的例子，我们在 51 个回合数中找到了一个攻击($f^{50} g^{50}$ 协议)，耗费时间为 137 秒。

5.5.3 性能

给定先前选择的启发式和参数，我们对算法的性能预测和 Scyther 系统的测试结果一致。

表 5.2 展示了一系列被建模的协议及它们的分析时间。表中，NSPK、NSPK-FIX 和 Otway-Rees 协议都按照 SPORE 协议库[149]的协议规格建立模型。TLS 协议有两个不同的版本，分别来自参考文献[132]和 AVISPA 协议库[94]。$f^n g^n$ 协议族是参考文献[116]的家族协议实例。实际中不会用到这样的协议族，这种协议在 $n+1$ 个回合内存在攻击，小于这个数值的回合则没有攻击。

表 5.2 验证时间/秒(1.66 GHz Intel 处理器, 1 GB RAM, Linux)

协　议	细　节	时　间
NSPK	attack	0.1
NSPK-FIX	verified	0.1
Otway-Rees	verified(typed variables)	0.1
Otway-Rees	attack(type flaw)	0.0
TLS(Paulson)	verified	0.2
TLS(Avispa)	attack("Alice talks to Alice")	0.2
NSPK-FIX in parallel with NSPK-alt	attack(multi-protocol attack)	0.3
$f^{10}g^{10}$	attack using 11 runs	0.2
$f^{30}g^{30}$	attack using 31 runs	10.1
$f^{50}g^{50}$	attack using 51 runs	110.1

5.6 验证单射性

到目前为止，验证算法都被用来检验非单射(non-injective)认证属性。因为单射性是一个高阶属性，无法在一个有限的模式集合中刻画所有的攻击。然而，我们设计了另外一种不同的方法来验证单射性。我们特别关注于已经满足非单射同步一致性协议的单射性的验证。

我们提出并学习一个新的属性即循环链(LOOP)属性，可以在句法构成上验证，然后证明一个定理，该定理说明 LOOP 属性足以确保单射性。这个结果具有普遍意义，该定理适用于各种安全协议模型，且不依赖于消息内容或随机数的新鲜性。

5.6.1 单射同步一致性

如同4.3.2节讨论的那样，满足*NI-SYNCH*的协议仍然可能遭遇重放攻击。回顾例4.14，我们看见图 4.11 中的单向认证不能满足单射性，如图 4.12 中显示的重放攻击。作为一个简单的修改，可以让协议发起者决定随机数的值，如图 5.15 所示。在这个改进的协议中，重放攻击是不可能的，因为两个不同发起者回合必然需要两个不同的响应者回合。

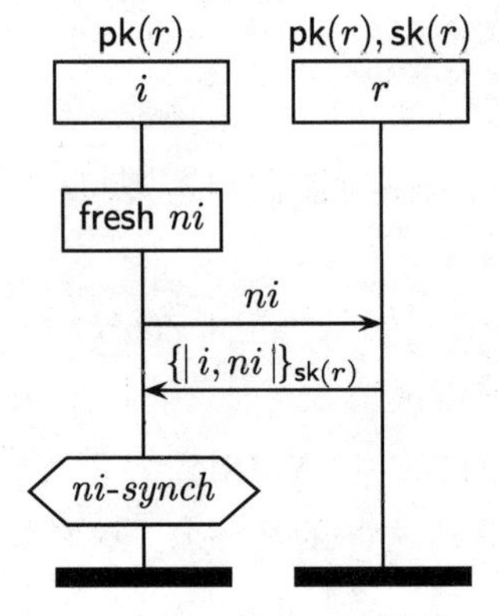

图 5.15　一个具备抵御重放攻击的协议

在发起者和响应者之间引入的因果消息反馈链似乎已经足以确保达到单射性。我们称这样的消息链为一个循环链(loop)。循环链在下面的单射性讨论中扮演了一个重要角色。

在我们的模型中，循环链属性确保了一个同步的协议同时也能是单射的。为了达到这样的目的，我们需要敌手模型也满足一个特别的属性。非形式化地说，重放攻击要求敌手至少能复制消息。更加严格来说，协议模式(包括敌手模型)在进行事件交换时，其执行迹集合必须是闭包。这种类型包含了第3章的模型。

我们使用函数 *roleevent* 来确定回合事件中哪一个是角色的实例事件。对于一个非角色创建回合事件 $r=(inst,e)$，定义 $roleevent(r)=e$。

定义 5.25 交换(Swap)属性 一个安全协议语义上满足交换属性，当且仅当下列两个条件符合。

(i) 迹集合 $traces(P)$ 对于非接收(non-receive)事件的交换是闭合的，例如，对于所有非创建回合事件 e'，且 $roleevent(e')$ 不是一个接收事件，要求满足：

$$t\cdot[e]\cdot[e']\cdot t'\in traces(P)\wedge runidof(e)\neq runidof(e')$$

$$\Rightarrow t\cdot[e']\cdot[e]\cdot t'\in traces(P)$$

(ii) 迹集合 $traces(P)$ 对于接收(receive)事件的交换是闭合的，例如，对于事件 s,r,e，如果 $roleevent(s)$ 是一个发送事件，且 $roleevent(r)$ 是一个接收事件，则对于所有迹 t、t'、t''，有：

$$t\cdot[s]\cdot t'\cdot[e]\cdot[r]\cdot t''\in traces(P)\wedge runidof(e)\neq runidof(r)$$
$$\wedge const(s)=const(r)\Rightarrow t\cdot[s]\cdot t'\cdot[r]\cdot[e]\cdot t''\in traces(P)$$

这些属性显示我们可以移动一个非接收事件，只要它不跨越相同角色实例的任何其他事件。对于接收事件有一个额外的限制：如果有一个早期的相同内容的发送事件，则只能把接收事件左移。

引论 5.26 操作语义满足交换属性(SWAP Holds for the Operational Semantics) 第3章定义的操作语义满足 SWAP 交换属性。

证明 第一个条件，非接收事件的交换性和独立回合之间不共享内存有关，在语义上是易于满足的。第二个条件，接收事件的交换性也能成立，这是因为语义上的接收规则的前提是接收到的消息也被敌手截获，即敌手知识集是非递减的。

在余下的章节中我们假设协议 P 包含一个断言 γ。对于那些满足非单射消息一致性属性 γ 的协议，我们提出一个断言 χ 和一个集合 χ'。给定一个迹 t，一个断言事件 c，以及一个把角色映射到运行回合的投射函数(cast) Γ，我们在域 $traces(P)\times Cast(P,t)\times RunEvent$ 上定义辅助性断言 χ，表达为：

$$
\begin{aligned}
\chi(t,\Gamma,c) \iff & roleevent(c)=\gamma \wedge \\
& \forall \varsigma,\varrho: \varsigma \dashrightarrow \varrho \wedge \varrho \prec_P \gamma \Longrightarrow \\
& \quad \exists inst'', inst': (inst'',\varsigma) <_t (inst',\varrho) <_t (inst,\gamma) \wedge \\
& \quad\quad runidof(inst'') = \Gamma((inst,\gamma), role(\varsigma)) \wedge \\
& \quad\quad runidof(inst') = \Gamma((inst,\gamma), role(\varrho)) \wedge \\
& \quad\quad cont((inst'',\varsigma)) = cont((inst',\varrho))
\end{aligned}
$$

这个谓语断言对应着单射同步一致性的部分定义(见定义 4.15)。连接式的第一部分表明执行安全断言角色的回合是由参数 c 确定的。第二部分说明在迹 t 中，断言 c 在某个特定的 cast 映射中是有效的。例如，参与者执行了所有预期的通信。在公式中这表现为发送和接收事件分别被预期回合执行，具有相同的内容，按照既定的顺序执行。

在迹 t 中给定一个有效的同步一致性断言 c，总有一个角色实例函数 Γ 使得 $\chi(t,\Gamma,c)$ 成立。谓语断言 χ 告诉我们在迹中总有这样的事件。因为我们想找出这些事件，所以必须把它们严格定义为事件集。我们把事件集 $\chi'(t,\Gamma,c)$ 定义为：

$$
\begin{aligned}
& \chi'(t,\Gamma,c) \\
& = \{e \in t \mid runidof(e) = \Gamma(c)(role(e)) \wedge roleevent(e) \prec_P roleevent(c)\}
\end{aligned}
$$

假设谓语断言 χ 成立，它的事件集合 χ' 具有两个有趣的特性：如果集合中有一个 receive 事件，则一定也有一个匹配的 send 事件；而且，给定一个特定角色的事件，该角色的所有前导事件也在集合中。

如果要证明我们的结论，定义 5.25 中的 SWAP 属性已经足够了。然而，为了减少证明过程，我们引入两个额外的引论。这些引论可以由基本模式和两个交换条件推导出。

第一个引论概括了从两个事件的交换到事件集合内事件的交换。特别的，我们把引论满足正确同步一致性断言中的事件定义为 χ。基于前述的两个交换特性，我们可以移动这些事件(按照它们的初始次序)到迹的起始端。该迹交换函数 $shift : \mathcal{P}(TE) \times TE^* \rightarrow TE^*$ 定义为：

$$
shift(E,t) = \begin{cases} t, & t \cap E = \emptyset \\ e \cdot shift(E, u1 \cdot u2), & t = u1 \cdot e \cdot u2 \wedge u1 \cap E = \emptyset \wedge e \in E \end{cases}
$$

这里，协议迹和事件集的交集是该集合出现在迹中的元素。该函数重新整理了一个迹的次序。接下来的定理明确说明了一些前提条件，确保在 $traces(P)$ 中的一个重新排序的迹仍然在 $traces(P)$ 中。

引论 5.27 给定一个协议 P 和一个迹 $trace\ t \in traces(P)$，断言事件 c 和角色实例化函数 Γ：

$$
\chi(t,\Gamma,c) \wedge t' = shift(\chi'(t,\Gamma,c),t) \Rightarrow t' \in traces(P) \wedge \chi(t',\Gamma,c)
$$

证明 有限集 $\chi'(t,\Gamma,c)$ 的规模可以被确认，因为 $\chi(t,\Gamma,c)$ 意味着接收事件可以被交换。再重复一次，按照惯例每个事件在一个迹中最多出现一次。

这个引论能直接归纳出更多的断言实例(依据相同的断言)。这样，我们不仅可以说明单一的断言回合，还可以推广到断言回合集合。

引论 5.28 给定一个迹 t、一个断言事件集合 $C \subseteq t$ 和投射函数(cast) $\Gamma \in Cast(P,t)$，有：

$$(\forall c \in C : \chi(t, \Gamma, c)) \wedge t' = shift\left(\bigcup_{c \in C} \chi'(t, \Gamma, c), t\right)$$

$$\Rightarrow t' \in traces(P) \wedge (\forall c \in C : \chi(t', \Gamma, c))$$

证明 类似于引论 5.27 的证明。

如果我们应用移动(shift)函数于系统的一个迹，且引论的前提条件符合，则将得到一个重排序的迹，仍然在协议的迹 $traces(P)$中。新的迹包含两个片段：第一个片段是集合 C 中的断言事件的所有前导事件；其他事件在第二个片段中。

直观上说，这些引论表示那些涉及一个有效的同步断言的事件，与迹中其他的事件是无关的。一个有效的同步可以在迹中任何位置出现，因为它不需要牵连其他的回合，也不需要敌手的介入。然而，迹中其他的事件也许依赖于同步中的事件。虽然我们不能把同步事件移动到右边，只能移动到左边，但这确保了任何可能的依赖性不会被破坏。

下一节，引论 5.27 和引论 5.28 将用于单射性证明。

5.6.2 LOOP 循环属性

本节定义一个协议属性，称为 LOOP 循环属性。对于仅包含两个角色的协议，它建立了一种来回响应属性。首先断言角色执行一个事件，接着是另一个角色，然后又是断言角色。例如，LOOP 循环属性对于图 4.12 的协议是不满足的，对于图 5.15 和图 3.3 的协议却满足。

接下来把循环属性推广到任意角色的多方协议。需要参与者角色在断言回合开始后有一个事件，且该事件在参与者自己的断言之前。

定义 5.29 循环(LOOP) P 安全协议对于一个断言γ循环属性成立，当

$$\forall \varepsilon \prec_P \gamma, role(\varepsilon) \neq role(\gamma):$$

$$\exists \varepsilon', \varepsilon'' : \varepsilon' \prec_P \varepsilon'' \prec_P \gamma \wedge role(\varepsilon') = role(\gamma) \wedge role(\varepsilon'') = role(\varepsilon) \tag{5.4}$$

该属性告诉我们对于某个角色，若有事件 ε 在断言γ之前，则总是存在一个从断言角色到这个角色的事件循环。为了说明该结构，可以用公式表示为 $\varepsilon' \prec_P \varepsilon'' \prec_P \gamma$。我们用 LOOP($P,\gamma$)表示安全协议 P 对于断言γ具备循环(LOOP)属性。

引论 5.30 给定一个安全协议 P 且具备一个安全断言γ。如果对于所有 $R \neq role(\gamma)$ 的角色，它们在γ之前的事件都是以一个接收(receive)事件开始的，则具有循环属性 LOOP(P,γ)。

证明 该引论的证明可以依据协议次序$\prec_P$的定义。令协议 P 具备一个安全断言γ。

令角色 $R \neq role(\gamma)$在断言之前有一个事件 ε。根据引论的前提条件，角色 R 的事件开始于一个 receive 接收事件，因此一定有另外的角色 R' 发起了一个前置的相同标志的事件。如果 $R' = role(\gamma)$，则很容易确立一个循环属性。另外，如果 $R' \neq role(\gamma)$，则可以再次推导出另一个新角色的前置事件。由于角色事件集是有限的，所以最后总能在断言角色的一个事件那里终止。因此有循环属性 LOOP(P,γ)成立。

该引论实际上告诉我们一个协议的初始化角色总是具有 LOOP 循环属性。因此，我们仅需要检查响应者是否满足循环属性即可。

接下来介绍本节的重要定理，说明单射同步一致性的语法上的前提。

定理 5.31 循环(LOOP) 令协议 P 具备一个安全断言 γ，则有：

$$\textit{NI-SYNCH}(P,\gamma) \wedge \text{LOOP}(P,\gamma) \Rightarrow \textit{I-SYNCH}(P,\gamma)$$

证明 可以用反证法证明。假设上述结论不成立，则有：

$$\textit{NI-SYNCH}(P,\gamma) \wedge \text{LOOP}(P,\gamma) \wedge \neg \textit{I-SYNCH}(P,\gamma) \tag{5.5}$$

接下来的证明有两步。首先，建立协议的一个迹 t，有两个回合同步于相同的一个回合。接着，用移动引论把 t 调整为符合协议的另一个迹。对于这个新的迹，我们将发现 *NI-SYNCH* 属性无法成立，这个与前提假设相矛盾。

从现在起，我们将忽略类型信息 t 和 Γ 的数量，且假设 $t \in traces(P)$。

给定一个符合同步但是不符合单射性的协议，从定义 4.13 和定义 4.15 及式(5.5)可推导出

$$\begin{aligned} &\forall t\ \exists \Gamma\ \forall c \in t : roleevent(c) = \gamma \Rightarrow \chi(t,\Gamma,c) \wedge \\ &\neg\ \forall t \exists \Gamma \text{ injective} \forall c \in t : roleevent(c) = \gamma \Rightarrow \chi(t,\Gamma,c) \end{aligned} \tag{5.6}$$

我们运用否认符号改变逻辑量词，有

$$\begin{aligned} &\forall t\ \exists \Gamma\ \forall c \in t : roleevent(c) = \gamma \Rightarrow \chi(t,\Gamma,c) \wedge \\ &\exists t\ \forall \Gamma \neg(\Gamma \text{ injective} \wedge \forall c \in t : roleevent(c) = \gamma \Rightarrow \chi(t,\Gamma,c)) \end{aligned} \tag{5.7}$$

在式(5.7)中存在量词的基础上，我们选择一个迹 t 和实例化函数 Γ，满足：

$$\begin{aligned} &\forall c \in t : roleevent(c) = \gamma \Rightarrow \chi(t,\Gamma,c) \wedge \\ &\neg(\Gamma \text{ injective} \wedge \forall c \in t : roleevent(c) = \gamma \Rightarrow \chi(t,\Gamma,c)) \end{aligned} \tag{5.8}$$

注意到在式(5.8)中，左边的子公式包含在右边的子公式中，重写得到

$$\forall c \in t : roleevent(c) = \gamma \Rightarrow \chi(t,\Gamma,c) \wedge \neg(\Gamma \text{ injective}) \tag{5.9}$$

对定义 4.11 的函数 Γ 进行非单射性解释，则总存在两个安全断言事件，对于它们 χ 满足：

$$\begin{aligned} &\exists c1, c2, R1, R2 : \chi(t,\Gamma,c1) \wedge \chi(t,\Gamma,c2) \\ &\wedge \Gamma(c1)(R1) = \Gamma(c2)(R2) \wedge (c1 \neq c2 \vee R1 \neq R2) \end{aligned} \tag{5.10}$$

根据断言 χ 和式(5.10)，我们得到回合 $\Gamma(c1)(R1)$ 一定是由角色 $R1$ 执行的。又因为 $\Gamma(c1)(R1) = \Gamma(c2)(R2)$，所以该回合也一定是由角色 $R2$ 执行的。回合只能对应到一个角色执行，因此推导出 $R1 = R2$。现在上述公式的第四部分仅剩下 $c1 \neq c2$。

设 $R=R1=R2$。我们选择两个断言事件 $c1$ 和 $c2$，对 R 满足式(5.10)。现在有一个回合标识 θ 满足：

$$\Gamma(c1)(R)=\Gamma(c2)(R)=\theta$$

根据辅助断言 χ 的定义，如果角色 R 等于 $role(\gamma)$，则得到 $\theta=c1$ 和 $\theta=c2$，这意味着 $c1=c2$，结论和式(5.10)相矛盾。这样，我们有 $R\neq role(\gamma)$。

现在可以确定迹 t 包含了至少三个角色实例的事件回合。其中的两个，$[c1]_\pi$ 和 $[c2]_\pi$，由断言角色执行；第三个事件，θ 由另一个角色 R 执行。此外，得到断言事件 $c1$ 和 $c2$ 同步于 θ。

上述步骤已经完成了证明的第一步。接着把 t 转化为一个无法满足 *NI-SYNCH* 的迹，完成证明的第二步。

因为有 $\chi(t,\Gamma,c1)$ 和 $\chi(t,\Gamma,c2)$，在引论 5.28 的基础上可以对事件 $c1$ 和 $c2$ 应用 *shift* 操作，得到一个迹 $t'\in traces(P)$：

$$t'=shift(\chi'(t,\Gamma,c1)\cup\chi'(t,\Gamma,c2),t)$$

在迹 t'中有两个不同的片段。所有与 $c1$ 和 $c2$ 的同步性有关的事件，现在都在迹 t'的初始片段中。这也包含断言之前 θ 的事件。而迹 t'的第二个片段包含的所有事件不在 $c1$ 和 $c2$ 的前导事件中。

接下来重新回顾迹 t'的初始片段。为此，再一次对 $c1$ 应用 *shift* 函数。由于引论 5.28 的条件对 t'成立，这将产生协议的一个迹，且应用 *shift* 函数到 t'仍保持了被移动集合的事件次序，这意味着 $\chi(t',\Gamma,c1)$ 成立。因此，我们也就知道迹 t'' 是 $traces(P)$ 的一个元素，这里：

$$t''=shift(\chi'(t',\Gamma,c1),t')$$

因为 *shift* 函数保持了相关事件的次序，所以可以得到 $t''=u1\cdot u2\cdot u3$，这里：

$$set(u1)=\chi'(t',\Gamma,c1),$$
$$set(u2)=\chi'(t,\Gamma,c2)\setminus\chi'(t',\Gamma,c1)$$

所有与同步性断言 $c1$ 和 $c2$ 无关的事件都在 $u3$ 中。

请注意，$u1$ 包含了 θ 的所有事件，这些事件是回合 $c1$ 的事件。由于所有的事件都是唯一的，因此不在 $u2$ 中。由事件集合的构造可知，角色 R 的相关事件也都有运行标识 θ，这是因为所有其他的角色运行实例都是其他角色执行的缘故(如同公式中的 Γ 所示)。这意味着在 $u2$ 中没有任何角色 R 的事件，它们都在 $u1$ 中。

于是我们立即推导出一个矛盾：t'' 在集合 $traces(P)$中。循环 LOOP 属性结合 *NI-SYNCH* 属性要求对每个角色，总有一个事件发生在第一个断言事件之前。对回合 $c2$ 而言，所有的事件都在 $u2$ 中(包括初始事件和断言事件)，但是没有角色 R 的事件。因此，不会有 Γ 和 t'' 满足 $\chi(t'',\Gamma,c2)$。这意味着协议不满足 *NI-SYNCH* 认证属性，与初始假设矛盾。

因此，我们可以确定 LOOP 是协议满足 *NI-SYNCH* 属性的充分条件，即确保了属性的投射性。

例 5.32 NSL 协议满足非单射同步一致性 *NI-SYNCH*(见引论 4.24)，并且它包含了所有角色的循环属性。因此，我们可以运用定理 5.31 对所有角色建立单射同步一致性属性。

5.6.3 模型假设

定理 5.31 说明对于大多数安全协议模型，包括第 3 章中定义的模型，一旦同步性被确定，则认证协议的单射性实际很容易被验证。迄今为止，单射性和认证总是紧密联系在一起。我们的研究成果足以验证多种非单射同步一致性的变种。可以简单地和单独地验证单射性，不依赖于任何特定的数据模型，也不依赖于协议模型的所有细节。相反，如前所述，定理 5.31 刻画了一系列的模型。这种分类基本上包含了所有已知文献上可找到的模型，如串空间模型、不考虑时间的 Casper/FDR 模型，以及项重写系统[84, 107, 155]，还包括许多允许非线性(多分支)协议规格的模型。这些模型拥有一些相同的属性：

(i) 协议的多个实例是独立运行的，它们之间不共享变量，运行于不同内存空间，拥有不同时钟；

(ii) 攻击者具备复制和保存消息的能力，如标准的 Dolev-Yao 敌手模型。

接下来考虑定理在无敌手模型中是否也同样成立。在实际中会有这样的场景，但是意义不大，这是因为当没有敌手时，单射性同样满足同步一致性和消息一致性协议。

循环(LOOP)属性的自动验证也能同样实现。验证算法实际上是在一个有限非循环图中的可达性问题。其复杂度呈线性增长。

几乎所有已知文献中的正确的认证协议在满足 *NI-SYNCH* 属性的同时也满足循环 LOOP 属性。似乎循环属性是单射性的必要条件，特别是对 Dolev-Yao 敌手模型而言。然而，对于某些特定的敌手模型，循环 LOOP 属性不是单射性的必要条件。如果模型中 LOOP 属性是单射性的必要条件，意味着仅处理多方认证协议中的最少必要数目的消息。循环 LOOP 属性提供了对协议同步中单射的支持信心。然而，图 5.16 中的例子展示了循环 LOOP 属性不足以确保单射性。该协议的断言角色满足循环属性和非单射一致性(non-injective agreement)，但是不满足单射一致性。

5.7 更多 Scyther 分析系统的特性

数据一致性(Data Agreement) 除前述属性外，Scyther 分析系统[52, 55]还支持数据项的非单射一致性，如同 Lowe 的定义[108, 141]。这种特性在 ISO/IEC 9798[20]实体验证标准的分析和随后的协议修正中用到。

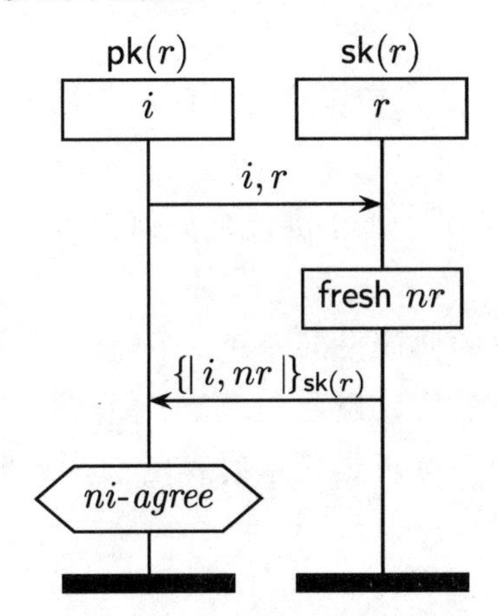

图 5.16 一个单方一致性协议，具有 LOOP 属性，但不是单射的

敌手模型 Scyther 已经被扩展到支持大量不同的敌手模型，相较 Dolev-Yao 敌手模型增加了额外的能力[19]。这些新增的能力包括通过学习获取某个实体的长期密钥、或者某个实体的内部(部分)状态如实体的随机数。此外，针对产生会话密钥的协议，敌手甚至可能获得会话密钥。敌手新增的能力产生了很多新的高级安全属性，如完美(或弱)前向机密性(perfect forward secrecy)、应对密钥泄露(key compromise impersonation)或伪造的可恢复性，以及其他安全属性。对高级安全属性的支持使得 Scyther 验证工具可直接适应认证密钥交换协议(authenticated key exchange)和它们的预期的安全属性[57]。更多细节可参见参考文献[19]。

对多种敌手模型的支持，使得 Scyther 还能验证所谓的协议安全分层包含关系。给定一个敌手模型有限集合 S 和一个协议集合 T，验证工具能确定哪些协议对应于哪些敌手模型。用符号 correct(P,s)表示协议 P 的所有安全断言关于敌手模型 s 都成立。用符号$\leqslant_A$表示敌手模型 S 中的一个偏序关系。例如，根据迹包含关系，可以定义一个偏序关系：对 $s,s'\in S$，有

$$s \leqslant_A s' \iff \forall P \in Protocol: traces_s(P) \subseteq traces_{s'}(P)$$

这里的 $traces_s(P)$ 表示协议 P 在敌手模型上下文环境中的迹。

运用敌手模型的偏序关系和分析结果，能确定在迹 T 中协议的次序关系$\leqslant_{PSH}$。特别的，对于 $P,P'\in T$，有：

$$P \leqslant_{PSH} P' \iff \forall s \in S: \left(\text{correct}(P,s) \Rightarrow \text{correct}(P',s)\right)$$

如果 $P \leqslant_{PSH} P'$ 则称 P' 和 P 一样健壮，称这样的偏序关系为安全协议的分层包含关系[18]。

其他应用 除本书提及的应用外，Scyther 还能应用于互联网密钥交换协议(Internet Key Exchange protocol IKE[58])和其他许多密钥交换协议[18, 19, 57]。

5.8 思考题

5.1 令 P 为某个协议，$(E,\to)$ 是协议 P 的一个模式。证明对于所有 $tr \in traces(P,(E,\to))$，满足: $|tr| \geqslant |E \cap RunEvent|$。

5.2 说明图 5.5 中的模式关于 NS 协议是如何符合定义 5.4 的模式条件的。

5.3 给出单射存活性的一个形式化定义。

5.4 证明图 5.16 中协议的协议发起角色 i 不能满足单射一致性。

5.5 证明图 5.16 中协议的协议发起角色 i 不能满足非单射同步一致性。

5.6 在定理 5.31 的基础上重新定义单射存活性，证明其正确性或找出一个反例。

第 6 章　多协议攻击

摘要　本章介绍了多协议攻击的概念，并运用前述章节中的工具分析了大量协议。根据分析结果得到了多协议攻击中最常见的两种攻击模式。

本章将综合运用前面章节的理论和工具。首先，让我们关注隐藏在安全协议分析下的各种假设条件之一，即在系统中总是隐含仅有一个协议在执行的假设。

如同前述章节已经叙述过的那样，现在已经有许多大获成功的形式化理论和对应的验证工具用以分析安全协议。但是，这些理论大多局限于一个独立运行协议的安全验证。换句话说，这些形式化理论假设在网络上仅有一个协议在执行。

然而，假设在不可信网络上仅有一轮协议执行通常是不现实的。事实上总有多个协议实例同时运行在一个共享的不可信的网络上，此时安全属性的验证将变得非常困难，其主要原因是安全属性无法直接组合。两个协议单独执行时验证都正确，但是同时在某个网络运行时可能存在安全漏洞。

当一个特定的攻击需要多于一个协议执行时才会发生，我们称这样的攻击为多协议攻击(multiprotocol attack)。凯尔西、施奈尔和瓦格纳最早发现了这样的攻击(见参考文献[97])。他们发现给定任何正确的协议，总可以构建另一个正确的协议，当这两个协议在某个网络同时执行时，敌手可以利用从第二个协议获得的消息发起对第一个协议的攻击。凯尔西的文献中介绍了一些例子，用一些精心构建的协议攻击其他协议。凯尔西把这种类型的攻击称为“选择协议攻击”。

一个非常有趣的问题是：当已有的协议组合执行时，是否也会出现同样的攻击行为？研究结果表明，实体在构建一个新协议时有可能导致一个多协议攻击，但是这不意味着多个正确协议的组合都是错误的。我们可以解释为，如果网络上所有的协议和密钥保护机制都能满足特定的安全约束条件，如一个协议的消息中的一部分不会被误认为是另一个协议中的消息成分，将能保障特定安全属性组合后仍然是安全的。在多协议组合的情况下，为了证明系统的正确性，必须先单独证明各个协议的正确性。参考文献[8, 90]说明了协议组合充分条件的不同表示公式。然而，这些文献中出现的标准协议不符合安全约束条件，因为这些协议的消息都非常类似。因此，理论上多协议攻击的可能性仍然存在。

在对安全属性建模时，我们把它们形式化为安全断言，这将非常有利于分析多协议攻击。我们可以很方便地给协议增加角色并分析多协议中的安全断言。与其语义相符合，验证工具能用简单的方式连接多个协议描述并进行安全分析。并置处理两个协议描述相当于验证网络上两个并发协议的安全属性。我们使用该工具验证了文献中 38 个协议的任意组合。结果发现了大量的多协议攻击。

6.1 节给出了多协议攻击的定义，6.2 节给出了实验的细节。实验分析过程可以在 6.3 节中找到。6.4 节描绘了两个具体的实际攻击场景。6.5 节给出了一些预防措施，最后在 6.6 节给出了分析结论。

6.1 多协议攻击概述

在已定义的语义中还没有“单一协议”的严格概念。协议被简单地看成角色(及其事件)的集合。如果我们把无关的两个协议合并在一起，结果还是一个协议。直观上“单一协议”意味着一个符合定义 3.16 的满足一定通信关系$\dashrightarrow$的角色事件集合。当连接两个协议时不是所有角色都符合通信关系。我们只能说这样的角色描述集合包含了多协议。

定义 6.1 相关角色(Connected Roles) 令 P 为一个协议。我们用符号$=_{\dashrightarrow}$表示对称的、自反的、传递的通信关系闭包$\dashrightarrow$。我们称角色 R 和 R' 是相关的(connected)，当且仅当：

$$\exists e, e' : e \in P(R) \wedge e' \in P(R') \wedge e =_{\dashrightarrow} e'$$

定义 6.2 单一/多协议(Single/Multiple Protocols) 给定一个协议规格 P，P 的复合度定义为由相关角色关系定义的等价类的数目。如果复合度为 1，则称 P 是单一协议。如果复合度大于 1，则称 P 包含了多协议。

截至目前所有出现的协议都是单一协议。对于相关角色只有一个等价类。如果用不同角色集连接两个或两个以上的协议规格，结果包含多协议。

定义 6.3 多协议攻击(Multi-protocol Attack) 令 P 为协议规格，描述具有安全断言γ的单一协议。我们称对γ存在一个多协议攻击，当且仅当：(1)在 P 的情况下对γ没有攻击；(2)总有一个协议规格 MP 表示多协议，其行为和 P 行为一致，即

$$\forall R \in dom(P): \quad MP(R) = P(R)$$

且在 MP 中对γ存在一个攻击。

6.2 实验

本节将进行一系列的协议测试来说明多协议攻击在文献中的协议中是否存在。

测试的协议集包含在表 6.1 中。所有的协议来自于已知文献：Clark 和 Jacob 测试库在参考文献[44]中，相应的 SPORE 库在参考文献[149]中，Boyd 和 Mathuria 关于认证和密钥分配协议的工作内容可以在参考文献[37]中找到。最终的测试集合包含了 38

个协议。在所有测试中重点考虑三个安全属性：机密性和两种认证属性，即非单射一致性和非单射同步一致性，它们的定义可以在第 4 章找到。

表 6.1　在多协议环境下的协议测试列表

协议	
Andrew Secure RPC-concrete	Otway-Rees
Andrew Secure RPC-BAN	SOPH
Andrew Secure RPC-LoweBAN	spliceAS-CJ
Bilateral Key Exchange (BKE)	spliceAS-HC
Boyd	spliceAS
CCITT 509 BAN 3	TMN
DenningSacco-Lowe	Wide Mouthed Frog Brutus
DenningSacco	Wide Mouthed Frog Lowe
Gong nonce	Wide Mouthed Frog
Gong nonce (b)	Woo Lam Pi-1
ISO/IEC 117702 13	Woo Lam Pi-2
Kao Chow	Woo Lam Pi-3
Kao Chow-2	Woo Lam Pi-f
Kao Chow-3	Woo Lam
KSL	Yahalom-BAN-Paulson-modified
NeedhamSchroeder-SK-amended	Yahalom-BAN-Paulson
NeedhamSchroeder-SK	Yahalom-BAN
NS3	Yahalom-Lowe
NSL3	Yahalom

通常而言，验证多协议的计算复杂度是随协议数目呈指数增长的，这方面的内容可以在参考文献[77, 156]中找到。因此，如果所有的协议都并行执行则安全验证将不可行。我们将对集合中选出的两个协议测试所有可能的组合。这样的方法将允许我们找到涉及某两个协议的多协议攻击。当测试发现一个攻击时，可以自动验证这样的攻击是否需要多协议交互，或者直接在单一协议中找到该攻击，若单一协议中成立则这样的攻击就不是多协议攻击，可以被丢弃。

验证结果还取决于使用的匹配(matching)类型，特别是取决于类型(type-flaw)攻击是否存在。下一节将讲述更多细节。所有的测试会进行三次变型检查，一次是全类型定义匹配，一次是基本类型缺陷检查，一次是无类型检查。根据 3.3.2 节中给出的匹配公式并稍微做点调整得到了测试结果。最终结果来源于总共 14 000 多次测试。

6.3　测试结果

测试结果揭示了测试集合中存在大量潜在的多协议攻击。在所涉及文献的 38 个协议中，29 个协议的安全断言独立运行时是正确的，和集合的其他协议并发运行时存在攻击。

表 6.2 记录了完整的多协议攻击概要。表中左边的列表示所有多协议攻击中的安

全断言。顶行列出了用于破坏断言的组合的协议。对于左列的每个断言的组合，以及顶行的某个协议，测试结果有三种可能性。

表 6.2 多协议攻击下的安全断言成立概要表

Protocol	Claim	andrew-Concrete	andrew-LoweBan	boyd	denningSacco	denningSacco-Lowe	gongnonce	gongnonceb	isoiec11770213	kaochow	kaochow-2	kaochow-3	ksl	needhamschroedersk	needhamschroedersk-amend	otwayrees	soph	tmn	wmf	wmf-Lowe	woolam	woolamPi-1	woolamPi-2	woolamPi-3	woolamPi-f	yahalom	yahalom-BAN	yahalom-BAN-Paulson	yahalom-BAN-Paulson-mod	yahalom-Lowe
andrew-Ban	I Niagree																							○						
andrew-Ban	I Nisynch																							○						
andrew-Ban	I Secret(kir)																							○						
andrew-Concrete	R Secret(kir)																						○							
andrew-LoweBan	I Nisynch								○																					
andrew-LoweBan	R Nisynch																									○		○		○
andrew-LoweBan	R Secret(kir)																									○		○		○
boyd	I Secret(m(·))								○													○	○	○	○					
boyd	R Secret(m(·))								○													○	○	○	○					
denningSacco	I Niagree	●				●	○	○		○	○	○		○	○				○		○	○	●	●	○	○		○	○	○
denningSacco	I Secret(Kir)						○	○		○	○	○		○	○						○	○	●	●	○				○	
denningSacco	R Niagree	●		○		●			○				○							○		○	○	○	○	○		○		○
denningSacco	R Secret(Kir)			○					○				○									○	○	○	○	○		○		○
denningSacco-Lowe	I Niagree	●			●		○	○		○	○	○		○	○						○	○	●	●	○	○		○	○	
denningSacco-Lowe	I Secret(Kir)						○	○		○	○	○		○	○						○	○	●	●	○				○	
denningSacco-Lowe	R Niagree	●		○	●				○				○									○	○	○	○	○		○		○
denningSacco-Lowe	R Secret(Kir)			○					○				○									○	○	○	○	○		○		○
gongnonce	I Secret(kr)																					○	○	○						
gongnonce	R Secret(ki)																					○	○	○						
gongnonceb	I Secret(ki)										○	○																		
gongnonceb	I Secret(kr)										○	○																		
gongnonceb	R Secret(ki)										○	○																		
gongnonceb	R Secret(kr)										○	○																		
isoiec11770213	I Secret(kir)															○							○	○						
isoiec11770213	R Secret(kir)																									○		○		○
kaochow	I Secret(kir)				○	○															○	○	○	○						
kaochow	R Secret(kir)				○	○			○										○		○	●	●	●	●	○		○	○	○
kaochow-2	I Secret(kir)																					○	○	○						
kaochow-2	R Secret(kir)							○														●	●	●	●					
kaochow-3	I Secret(kir)				○	○																○	○	○						
kaochow-3	R Secret(kir)				○	○		○														●	●	●	●					
ksl	I Secret(Kir)																									○				
ksl	R Secret(Kir)																									○				
needhamschroedersk	I Nisynch	●													●															
needhamschroedersk	R Nisynch	●													●								○	○			○		○	
needhamschroedersk	R Secret(Kir)																						○	○			○		○	
needhamschroedersk-amend	R Secret(Nr)																						○							
nsl3	I Secret(nr)																	○												
nsl3	R Secret(nr)																	○												
otwayrees	I Secret(Kir)								○														○							
otwayrees	R Secret(Kir)								○														○							
spliceAS	I Secret(N2)																	○												
spliceAS	R Secret(N2)																	○												
spliceAS-CJ	I Secret(N2)																●													
spliceAS-CJ	R Secret(N2)																●													
spliceAS-HC	I Secret(N2)																	○												
spliceAS-HC	R Secret(N2)																	○												
wmf	I Secret(Kir)				○	○																								
wmf	R Secret(Kir)				○	○				○											○	○	○	○						
wmf-Lowe	R Secret(Kir)			○					○													○	○	○	○	○		○		○
wmfbrutus	B Secret(kab)																						●	●			○		○	
woolam	I Secret(Kir)				○	○			○										○				●	●		○		○		○
yahalom	I Secret(Kir)									○											○	○	●	●						
yahalom	R Secret(Kir)								○														○							
yahalom	S Secret(Nr)		○	○	○	○			○				○						○	○		○	●	●	○		○		○	
yahalom-BAN	I Secret(Kir)																					○	●	●	○					
yahalom-BAN	R Secret(Kir)																					○	●	●	○					
yahalom-BAN-Paulson	A Secret(kab)									○											○	○	●	●						
yahalom-BAN-Paulson	B Secret(kab)								○														○							
yahalom-BAN-Paulson-mod	A Secret(kab)									○												○	●	●	○					
yahalom-BAN-Paulson-mod	B Secret(kab)									○											○	●	●	●	○					
yahalom-Lowe	I Nisynch	●							○	○											○	○	●	●		●		●		
yahalom-Lowe	I Secret(Kir)									○											○	○	●	●						
yahalom-Lowe	R Nisynch								○																	●		●		
yahalom-Lowe	R Secret(Kir)								○														○							

第一种可能性是空单元格，表示不存在多协议攻击。也就是说，甚至在顶行的协议组合后执行，安全断言仍然成立。

其他两种可能是空心圆点和实心圆点(◦ 或 •)。这些符号表示敌手使用了顶行的协议攻击安全断言，并且发现了一个多协议攻击。例如，一个空心圆点(◦)说明该攻击或者与一个类型攻击(基本类型缺陷或完全类型缺陷)有关，或者需要自我驱动的方案，如 Alice 能够以预期的身份发起和她自己的一个会话。另外，一个实心圆点(•)表示这个多协议攻击不需要类型缺陷或自我驱动。

该表显示了多个协议之间的交互具有重大意义，在某些情况下这种交互不能孤立对待。然而，许多用空心圆点(◦)表示的攻击是受限的，在实践中不太可能实现这些攻击。

该表还说明了单一的多协议攻击(•)主要由两个潜在的问题产生：协议的修正版本(或称协议更新)、因为缺乏严格限制条件而被用作加密/解密预言机的协议。

以第一个问题为例，我们观察到许多攻击出现在靠近表格对角的位置。这些攻击和目标协议的版本有着紧密的联系。例如，当使用 Lowe 的修改版本时，Denning-Sacco 协议会遭遇攻击。类似地，Lowe 对 Yahalom 协议的修正版本与原始的 Yahalom 协议或 BAN/Paulson 的修正协议组合运行时，会遭受攻击。其潜在的原因是这些变异体包含了许多类似的消息，这导致了协议更新攻击，详细内容将在 6.4.1 节讨论。

至于第二个问题，主要包括一些能被用来做某种预言机攻击的协议，我们能看到许多攻击发生在表格中的某些特定的协议列上，如 Andrew-Concrete、SOPH 或 Woo-Lam-Pi 的多个修正协议。这些协议包含了过于简单的挑战-响应机制，被敌手利用来加密或解密攻击者选择的随机数，即安全机制中对密文消息的格式没有严格限制。

接下来将讨论多协议攻击中的类型匹配的作用。测试中的三种类型匹配有清晰的继承关系。任何出现在严格类型模型的攻击也会出现在另外两种类型中。类似地，任何因基础类型缺陷而出现在模型中的攻击也一定出现在非类型匹配的模型中。

对多协议攻击而言，不存在这样直接的攻击继承关系。这是因为多协议的定义声明了安全属性在单一协议的情景中必须是正确的。例如，考虑 OtwayRees 协议，单一协议的机密性安全断言在严格类型模型中是正确的，但是在严格类型模型中的多协议攻击仍然可能存在。对于非类型匹配模型，类型缺陷攻击在所有断言中都存在。

接下来讨论这三种类型匹配。

6.3.1　严格类型匹配：无类型缺陷

首先讨论最严格的模型，即模型总假设通信实体能以某种方法检查接收到的数据的类型，仅采纳正确类型的消息项。对表 6.2 所涉及文献中的协议我们找到了 27 个双-协议攻击。这些攻击违背了认证性及机密性安全需求。

绝大多数攻击出现在 Woo-Lam Pi 协议[159]的几个修正版本中。这些协议包含了一个消息接收/发送模式，被当成加密预言机，这样敌手就能利用这样的缺陷用某些密钥加密任意信息。因此，任意随机数也能用实体和服务器共享的对称密钥加密。这样，其他使用相同密钥的协议也将遭遇攻击。

其他的攻击是因为共用了一种通用模式导致的，这种模式称为歧义身份验证(ambiguous authentication)，其细节内容将在 6.4.2 节介绍。

6.3.2 简单类型匹配：基本类型缺陷

如果减少消息的类型匹配约束条件，消息变量可以包含任何一个非元组或一个加密项，此时攻击的数目会急剧上升。这种攻击称为基本类型缺陷攻击。特别地，当会话密钥被误认为随机数时，这样的攻击就可能发生，敌手可能获知会话密钥。约束条件的减少还会引起新的认证攻击。在对协议的测试中，发现了 69 个基本类型缺陷的攻击。

6.3.3 无类型匹配：所有类型缺陷

在无类型匹配中，随机数被误认为任何元组项或加密项，潜在的消息冲突数目进一步增加。结果将导致许多新的协议冲突。在所有的类型缺陷中一共发现了 307 个多协议攻击。

最后，表 6.3 中概括了不同类型匹配断言(特别是不同类型缺陷)对协议安全的影响。

表 6.3 各种匹配类型对应的潜在攻击

匹配类型	攻击数目
无类型缺陷	27
基本类型缺陷	69
所有类型缺陷	307

接下来继续搜寻三个协议组合运行的一些例子，虽然这已经超出了主要测试的范围。例如，Yahalom-Lowe 协议的关于接收会话密钥的机密性安全断言在单独运行时是正确的，在双-协议测试中与任意协议组合也是同样正确的，但是和 Denning-Sacco 共享密钥协议与 Yahalom-BAN 协议组合运行时，在无类型匹配模式时安全断言无法成立。

6.3.4 攻击例子

先考虑一个基本类型匹配的多协议攻击实例。我们展示了对 Woo-Lam 互认证协议[159]的攻击，它将和 Yahalom-Lowe[109]协议一起组合运行。Woo-Lam 互认证协议如图 6.1 所示，Yahalom-Lowe 协议如图 6.2 所示。

这些协议具备类似的安全目标和前提条件。它们都和一个可信服务器共享长期对称密钥，服务器为两者产生一个新鲜的会话密钥。它们的操作方式也很类似：协议发起者 i 和响应者 r 各自产生一个加密了的随机数，然后作为挑战发给服务器。服务器创建一个新的会话密钥 k_{IR}，把它和随机数连接绑定后分发给两个实体，即协议发起者 i 和响应者 r。这两者检查回送的随机数，从而确认会话密钥的新鲜性。

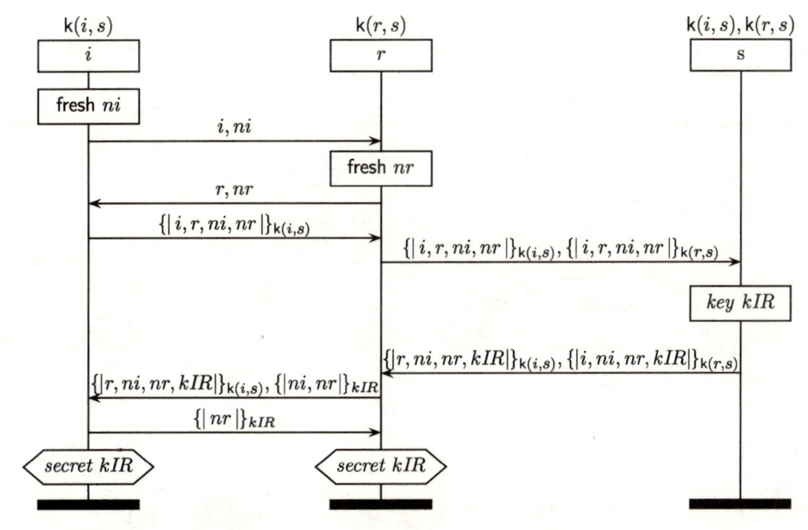

图 6.1　Woo-Lam 互认证协议

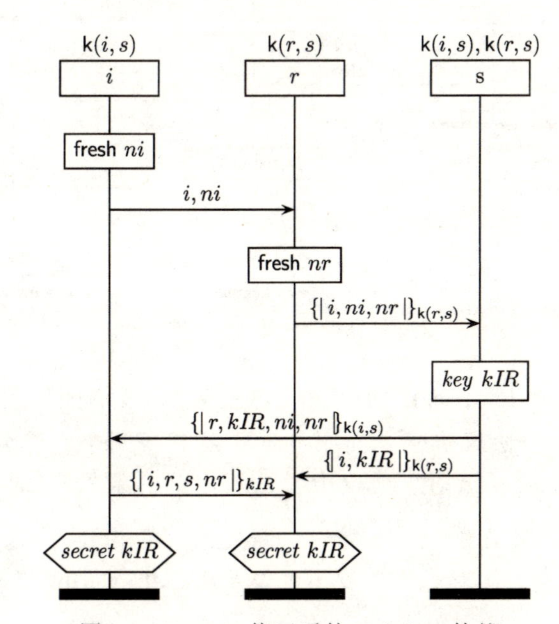

图 6.2　Lowe's 修正后的 Yahalom 协议

图 6.3 针对上述两个协议，展示了一个基于基本类型缺陷攻击的多协议攻击。如果一个实体无法分辨一个会话密钥和一个从未遇见的新的随机数的区别，这样的攻击是可能发生的。

攻击过程是：某个实体 A 以协议发起者 i 的身份运行 Woo-Lam 协议，并且通信对象是 A 的另一个运行实例，然后发送一个新鲜随机数 $ni^{\#1}$。攻击者窃听得知该随机数。接着，实体 A 又并行发起新一轮 Yahalom-Lowe 协议的会话，仍然按照协议发起者 i

的角色执行协议。A 创建并且发送第二个随机数 $ni^{\#2}$。攻击者仍通过窃听得知新的随机数。

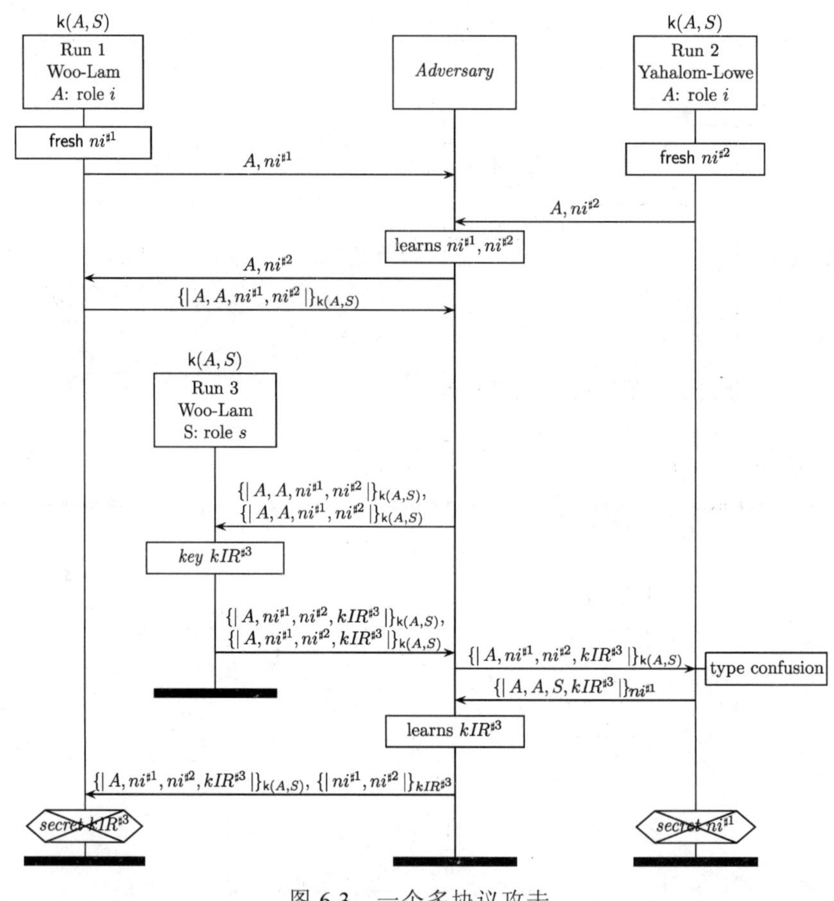

图 6.3 一个多协议攻击

现在攻击者以 Woo-Lam 协议的响应者角色给 A 发送随机数 $ni^{\#2}$。于是 A 按照 Woo-Lam 协议规格希望协议响应者向服务器转发具备两个实体名称和所有随机数的挑战 $\{| A, A, ni^{\#1}, ni^{\#2} |\}_{k(A,S)}$。该消息被攻击者截获，把两条相同的消息串联在一起发给 Woo-Lam 服务器 S。服务器 S 产生一个新的会话密钥，回送了两个相同的消息 $\{| A, ni^{\#1}, ni^{\#2}, kIR^{\#3} |\}_{k(A,S)}$。其中一个被攻击者发给 Yahalom-Lowe 协议的初始者 i。该角色本来预期得到的消息格式是 $\{| A, \text{Key}, ni^{\#2}, \text{Nonce} |\}_{k(A,S)}$。这里，密钥 Key 是一个新的会话密钥，Nonce 对 Yahalom-Lowe 协议的发起者而言是一个新的随机数。发起者无法分辨这些项的差异。由于消息类型的混淆，发起者接受了该消息，把 $ni^{\#1}$ 理解为一个新鲜的会话密钥，把 $kIR^{\#3}$ 看成响应者产生的随机数。于是，发起者将用随机数加密会话密钥，发送消息为 $\{| A, A, ni^{\#2}, kIR^{\#3} |\}_{ni^{\#1}}$，并声称 $ni^{\#1}$ 是机密的。但是，在上述过程中攻击者知道 $ni^{\#2}$ 的内容，很明显该安全断言不成立。以上攻击针对 Yahalom-Lowe 协议的发起者角色。然而，我们还能继续攻击。攻击者拦截了最后一条消息，又知道 $ni^{\#1}$

的内容，因此他可以解密该消息并且获知会话密钥 $kIR^{\#3}$。这样他能够构建 Woo-Lam 协议的最后一条被 i 预期的消息。Woo-Lam 协议发起者断言 $kIR^{\#3}$ 的机密性，但该会话密钥也被攻击者获知。

基本类型缺陷攻击使得攻击者拥有在同一时刻攻击两个协议的能力。

6.4 攻击场景

实验结果揭示出如果基本类型缺陷攻击被遏制，则尽管多协议攻击仍然存在，但是它们的范围将大大减小。基本类型缺陷被预防后，还有两种主要的情形会发生多协议攻击。本节将讨论这些场景，下一节讨论对它们的预防措施。

6.4.1 协议更新

当多协议的消息格式类似时容易产生多协议攻击。我们描绘了当消息格式类似时实际中发生的一个应用场景。

这种攻击场景很常见，经常发生在协议重新部署之后。通过安全修正能避免这样的问题。新发起的协议如果和上个协议类似，且又具备相同密钥结构时容易导致攻击。

图 6.4 展示了一个这样的例子，这是一个容易遭遇中间人攻击的有缺陷的认证协议，和参考文献[106]中描绘的攻击类似。我们假设这个协议已经被部署到各个客户端且被它们使用，现在需要对协议做安全修正。最简单的更新是把第一条消息的主体标识改为发送者，如图 6.5 所示。改正后的协议是著名的 NSL 协议，前述章节已经做了介绍，该协议单独运行时被证明是安全的。

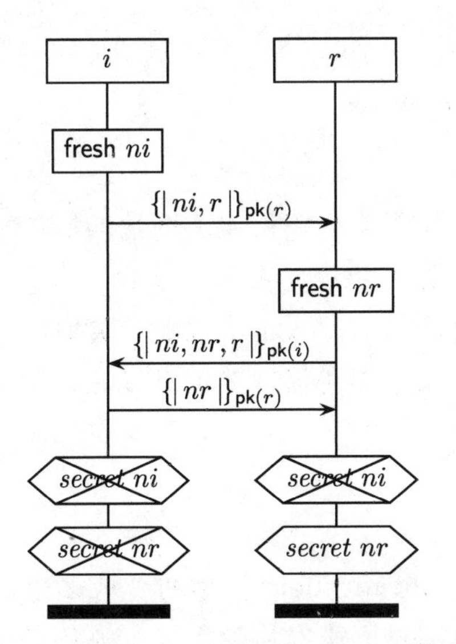

图 6.4　Needham-Schroeder: Broken 协议

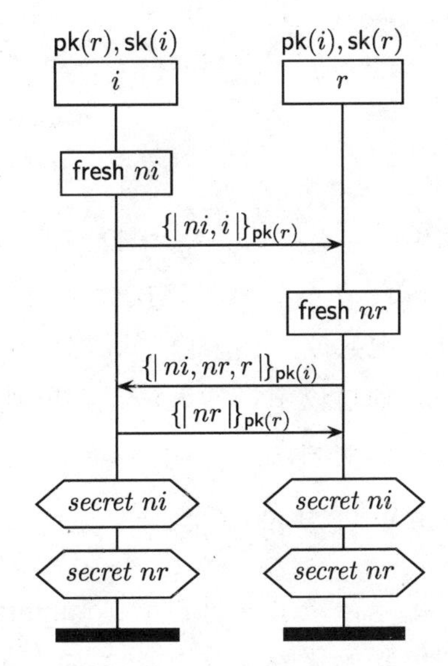

图 6.5　Needham-Schroeder-Lowe 协议

如果有缺陷的协议被修正更新后，仍有部分客户端运行旧的未更新的协议，则新的协议仍然可能遭遇多协议攻击，如图 6.6 所示。敌手在攻击中利用两个运行旧协议的实例(记为“Broken i”和“Broken r”)获取到本应保持秘密的随机数 $ni^{\#1}$。接着，旧协议中的发起者按照响应者角色(“NSL r”)发起新的协议。新协议中的响应者的安全断言要求 $ni^{\#1}$ 和 $ni^{\#3}$ 是机密的。敌手通过对旧协议的攻击可以获知 $ni^{\#1}$。他利用旧协议中的 $ni^{\#1}$ 构造新一轮协议中的消息。于是新协议中 $ni^{\#1}$ 机密性的安全断言无法满足。

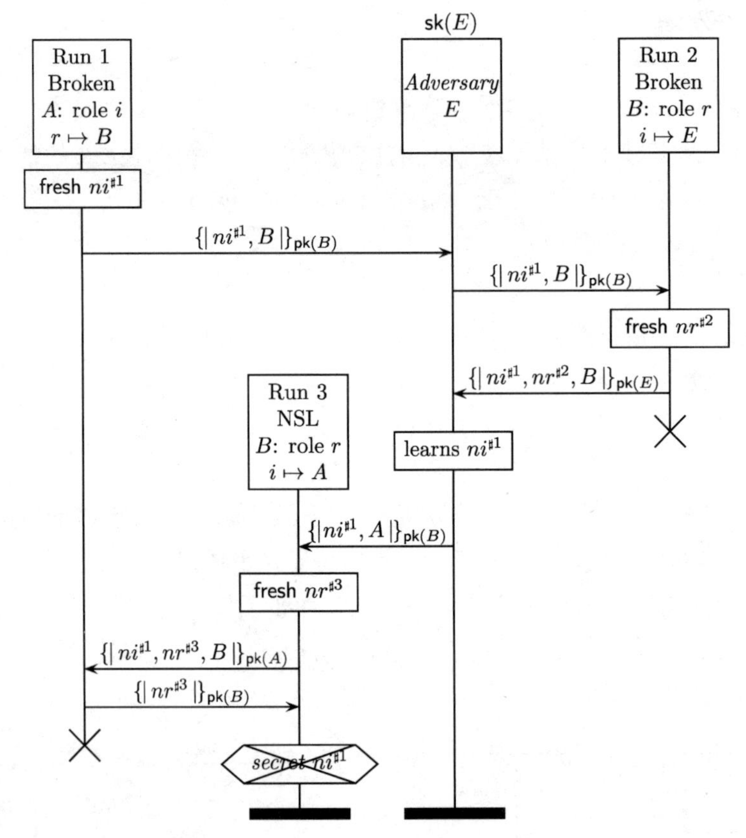

图 6.6 基于缺陷版变体的 NSL 攻击

本例中，实体 B 执行了一轮旧的协议和一轮新的修正协议。两轮的协议消息不是交错的，因此 B 不需要同时执行它们。然而，在旧协议向新协议过渡时产生了攻击。

导致攻击的原因在于修正版本的协议消息格式和旧版本协议非常类似。因此，攻击者能在其他协议中许多无法预期的地方插入某个旧协议中的消息，这为多协议攻击提供了很大的便利性。

6.4.2 歧义性身份验证

我们用术语歧义性身份验证(ambiguous authentication)特指两个或多个协议共享一个类似的初始化验证过程。这将导致歧义性，进而引发协议的多个通信者之间的消息误匹配。

身份验证协议通常用于为其他协议设置会话密钥。接下来的协议会包含身份验证协议的执行序列，并使用刚得到的会话密钥。一些并发协议通常使用相同的验证协议，然后才是其他各种不同的后续协议。在这种情况下，将产生歧义性身份验证：验证协议单独是安全的，在其后涉及多个后续协议时存在多协议攻击。

实验表明歧义性身份验证多发生在类似协议中，如各种协议族、各种有缺陷的协议和它们的修正版本。

我们给出这样的一个例子，如图 6.7 中的协议模式所示。该图包含一个矩形图，记为协议 P。矩形中的协议是任意的，表示验证参与者和产生一个新鲜的共享秘密值(例如，这里可以插入图 6.5 中的 NSL 协议，把里面的任一随机数作为新鲜秘密值 ta)。协议 P 被扩展，增加了一条消息，由协议发起者 i 向响应者 r 发送用 ta 加密的 tb。假设 P 是安全的，可以证明“Service 1”模式的协议作为单一协议时也是安全的。

现在重新在协议 P 的基础上构造另一个协议，称为 Service 2，如图 6.8 所示。在原始协议的基础上增加了一个会话标识和消息 m。用原始协议里的新鲜随机数作为会话标识(如果用 NSL 协议作为协议 P，则单独的 Service 2 协议是安全的)。

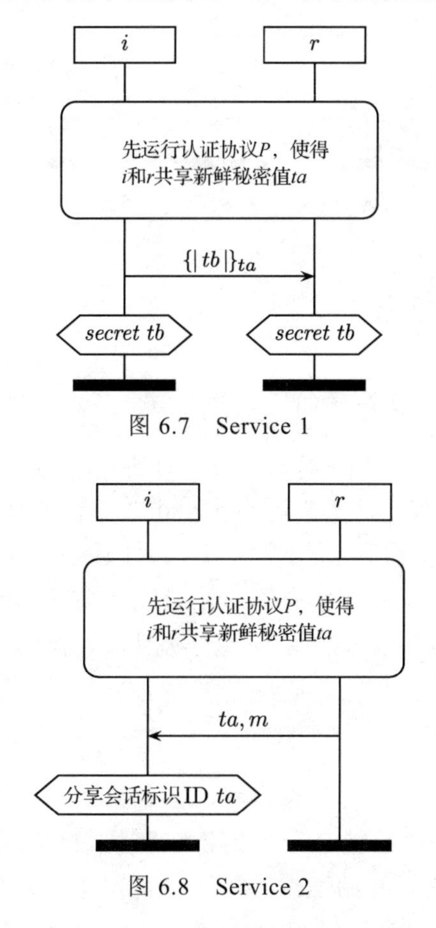

图 6.7　Service 1

图 6.8　Service 2

如果 Service 1 和 Service 2 并发运行，复合后的协议则有安全缺陷。对应攻击如图 6.9 所示。敌手在攻击中只是简单地把 Service 1 的初始消息重新转发到 Service 2。实体 A 以初始者角色按照 Service 1 协议执行。实体 B 以响应者角色执行 Service 2 中的步骤。因为所有协议使用了相同的初始序列消息，所以他们无法确定另一个通信实体执行了哪个协议。完成了协议 P 后，A 开始进入 Service 1 协议，B 开始了 Service 2 协议。因此，B 将使用随机数 ta 作为会话标识，把它泄露给攻击者。当 A 把 ta 作为一个会话密钥加密机密消息 tb 时，敌手可以解密获得 tb。因此 Service 1 协议的安全断言不成立。

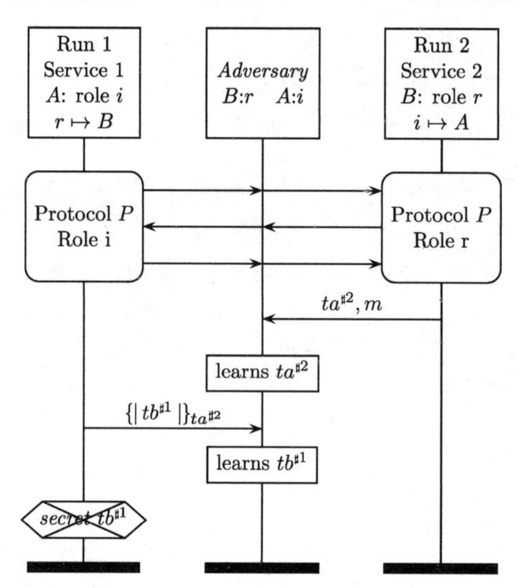

图 6.9 对复合协议 Services 1 和 Services 2 的攻击

6.5 预防多协议攻击

上述实验的分析实际也揭露了如何有效地防止多协议攻击。

严格的类型检测 参考文献[92]表明通过对协议的消息增加类型消息可以防止类型缺陷攻击。对于单个协议，这大大减少了攻击数目，即使不考虑多协议的运行环境也是非常有效的。

实验表明如果能确保没有类型缺陷，则可以预防大多数多协议攻击。实际上，测试集中 84%的攻击在没有类型缺陷时无法发生。确保所有消息类型的正确性对于大量不同类别的多协议攻击而言，同样是一种预防措施。更多的预防措施可以参见参考文献[92, 103]。

标签化 此外，可以在协议中的加密、签名或散列值中增加独一无二的常量标签(记为 *tags*)。通过这些标签能唯一确定协议和协议中密码原语的位置，因此不会引起遵循执行规格的协议之间的混淆。在这种情况下，产生的协议还必须满足参考文献[90]中的互斥加密需求。这种理论不仅对预防多协议攻击很有效，还能去除单个协议中的消息混淆风险。标签化技术已经被用于实体身份验证的 ISO/IEC 9798 协议改进[20]。

验证　在某些情况下修改一系列的协议并不受欢迎，除非证明协议存在重大安全隐患。此时多协议攻击的验证就是一个现实的选择了。本书展示的一些已经研制出的工具系统可以自动化验证并发协议。

6.6 总结

本章的实验结果表明许多文献中的多协议攻击在现实中是大量存在的。多协议攻击问题不仅局限于某个较小的协议子集。通过对 38 个协议进行验证，实验结果显示其中有 29 个单独运行是安全的，复合运行后存在多协议攻击。我们识别出了两种常见的具有现实意义的攻击场景：协议更新和歧义性消息验证。

协议中的一些安全断言在单独运行时是正确的，甚至和其他单个协议并发运行时也是成立的，但是当有 3 个协议并发时存在攻击。这说明仅验证双-协议并发攻击仍然不够。对于 4 个或以上协议的并发运行攻击我们没有进一步研究，但是可以推测存在大量未检测出来的多协议攻击。利用形式化理论和无法估量的验证工具，对攻击予以测试允许我们进行广泛的检查。事实上，很多攻击过于复杂以至于没有工具系统的支持很难发现。

就多协议环境而言，必须处理协议之间的交互。因此必须考虑环境中所有的协议：某个协议也许会导致运行中的其他协议被攻击。本章涉及的文献中的协议在单独运行时被证明是安全的，但是这无法保证多协议的安全运行。

6.7 思考题

6.1　构造一个使用长期非对称密钥的具有两个角色的协议 P。对于每个角色要求满足同步一致性；同时要求当与 NSL 协议并发运行时，NSL 协议中起码有一个安全断言被违背。

使用 Scyther 验证工具验证设计的协议是否符合要求。

6.2　给出理由或实际简略场景，说明使用相同的长期密钥有利于实体运行不同协议。

6.3　讨论为何基于口令的协议增加了多协议攻击的风险。

第 7 章　基于 NSL 扩展的多方认证

摘要　本章介绍了一个基于 NSL 协议的任意多方认证协议。该协议参与者各方满足单射同步一致性和随机数机密性等安全属性。

以本书的理论和相关工具为应用基础，我们设计了一个支持任意数目的多方认证协议，该协议在 NSL 协议(NSL, 见 4.5 节)基础上推广而来。扩展后的协议的各个参与者满足单射同步一致性和随机数机密性。如果有 p 个参与者，为了在具有内部攻击者的 Dolev-Yao 敌手模型中满足安全属性，要求协议至少包含 $2p-1$ 条消息。泛化后的协议通信架构可以作为一系列认证协议的核心架构。

NSL 协议用于两个实体互相验证对方身份。这种安全属性称为双向认证。在另外很多情况下，如一个电子商务协议中，总有三方甚至更多参与者需要互相认证。此时，我们会直接通过实例化多个 NSL 协议达到多方互认证的目的。如果有 p 个参与者，这样的互认证需要 $\binom{P}{2}=(P\times(P-1))/2$ 个协议实例，以及 3 倍的消息数。实际上，当需要多方认证协议时，协议设计者倾向于设计新的协议。

本章将对直接使用多次认证交互协议实例的方法进行改进，扩展 NSL 协议并获得一个多方身份认证协议，扩展后的协议具备最小消息复杂度(p 方的结果是 $2p-1$ 条消息)。我们希望在具备内部合作攻击者的 Dolev-Yao 攻击模型下，扩展后的协议起码能和原始 NSL 协议一样有相同的安全属性。当我们测试一个具备多协议的协议族时，情况变得和单一协议有点不一样。通常来说，在一个并发会话的上下文环境中可以证明单一协议的安全性。但是对于一个协议族，我们总是假设某个实体同时并发运行着协议族里的多个不同的协议会话。这增加了敌手攻击协议的可能性。然而，即使不同实体数目的 p 个参与者并发运行了多个协议实例，我们仍需要确保针对不同 p 个参与者而言协议是正确的。

接着，7.1 节扩展了 NSL 协议，使得新协议支持任意多方参与者。7.2 节说明了新协议满足的安全属性，并且给出了协议的简略证明及前提条件。7.3 节讨论了扩展协议的某些变形体。7.4 节给出了一个扩展协议的例子，该协议对于对称密钥无法满足我们的身份认证安全需求。

7.1　一个多方身份认证协议

NSL 协议的基本思路是每个实体都有一个循环的挑战-响应过程，以便于验证另外一个实体的身份，即 5.6 节中的 LOOP 循环理论的实例。通过识别出第二个实体对挑战的响应，两个挑战-响应过程被联系在一起。

对原始协议的扩展依循了相同的思路。每个实体产生和另一个邻近实体的挑战-响应循环，同时只要允许，就检查另一个实体的响应是否正确回应了自己发出的挑战。我们首先详细地讨论了四方扩展协议的细节，然后给出了任意 p 方的通用化设计规格。

四方协议描绘如图 7.1 所示。首先，协议初始化实体选择一方通信，创建一个新的随机数 n_0，绑定该实体名和另两个实体名 r_2^4 和 r_3^4。绑定后的消息用 r_1^4 的公钥加密，并发送给 r_1^4。一旦接收并解密到消息，第二个实体将增加自己的实体标识名和一个新的随机数，然后把消息中的下一个实体标识名去除。修改后的消息将用下一个实体的公钥加密，接着发给下一个实体。传输过程中每个实体在收到的消息中都增加了自己产生的新随机数，直至消息被回送给协议的初始化实体。初始化实体检查收到的消息中是否包含最早期产生的随机数，以及所有实体标识名是否匹配。这样它可以推导出其他实体是否被认证。接着，为了证明它自己的身份，它发送了包含所有其他实体随机数的消息给 r_1^4。剩余实体依次检查自己的随机数是否在消息内，移除自己的随机数，再把消息传送给下一个实体。

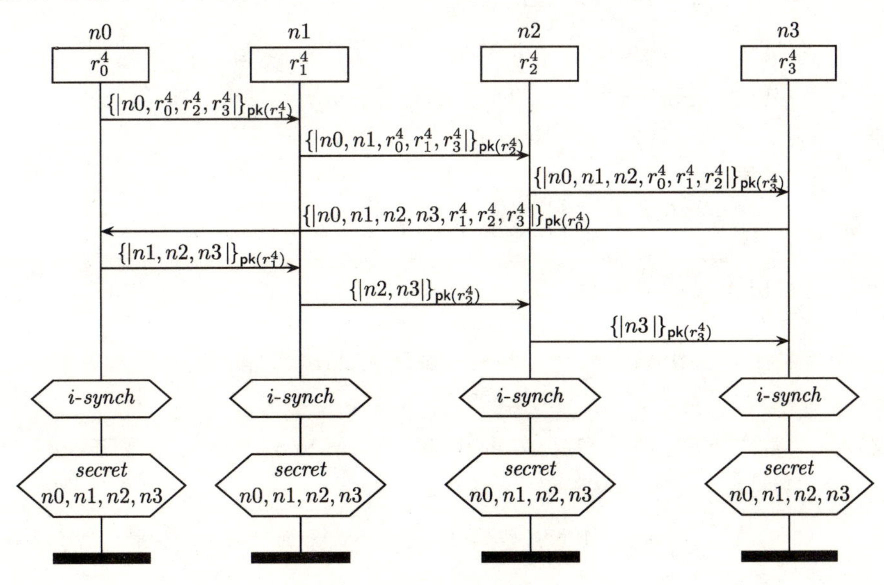

图 7.1　四方扩展 NSL 协议

四方协议可以被扩展为任意 p 方的多方协议。图 7.2 展示了协议的通信结构。其中抽象消息的定义如下所示。函数 *next* 以循环的方式确定了一个参与者列表中的下一个角色。次序化列表 $AL^p(x)$ 包含除了角色 x 外的所有角色。协议利用了两种类型的消息。前 p 条消息属于 $MsgA^p$ 类型，最后的 $p-1$ 条消息属于 $MsgB^p$ 类型。上标表示协议的参数 p。

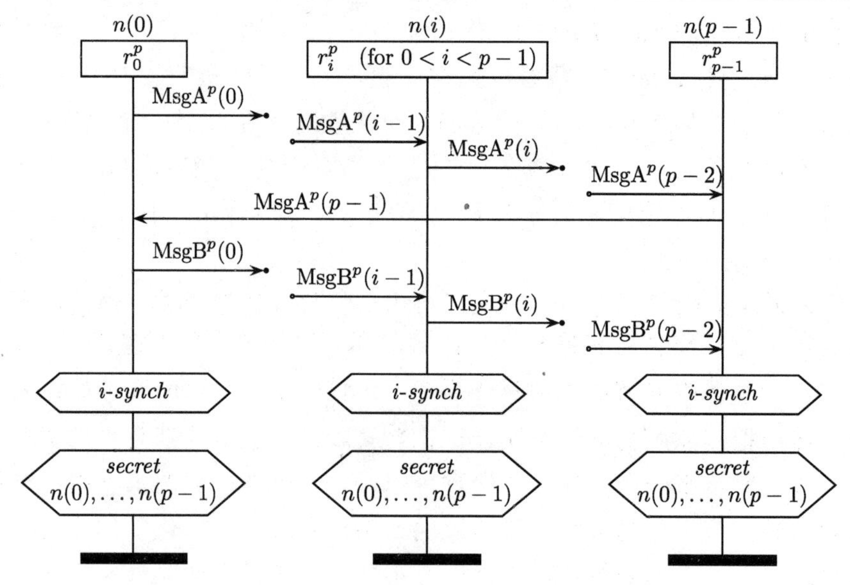

图 7.2 扩展的 NSL 模式

$$next^p(i) = r^p_{((i+1) \bmod p)},$$

$$\mathrm{AL}^p(x) = [r^p_0, r^p_1, \cdots, r^p_{p-1}] \setminus \{x\},$$

$$\mathrm{MsgA}^p(i) = \{\!|\, [n(0), \cdots, n(i)], \mathrm{AL}^p(next^p(i)) \,|\!\}_{\mathsf{pk}(next^p(i))} \quad 0 \leqslant i < p,$$

$$\mathrm{MsgB}^p(i) = \{\!|\, [n(i+1), \cdots, n(p-1)] \,|\!\}_{\mathsf{pk}(next^p(i))} \quad 0 \leqslant i < p-1$$

协议中的第 i 条 $(0 \leqslant i < 2p-1)$ 消息定义为：

$$\mathrm{Msg}^p(i) = \begin{cases} \mathrm{MsgA}^p(i) & \text{if } 0 \leqslant i < p, \\ \mathrm{MsgB}^p(i-p) & \text{if } p \leqslant i < 2p-1 \end{cases}$$

作为每个角色的初始知识的简写，定义为：

$$\mathrm{MPK}^p_i = \bigcup_{j=0}^{p-1} r^p_j \cup \left\{ n(i), \mathsf{sk}(r^p_i), \mathsf{pk}(r^p_{(i+1) \bmod p}) \right\}$$

定义 7.1 多方 NSL 协议(Multi-party Needham-Schroeder-Lowe Protocol) 多方 NSL 协议(MPNSL)有下列规则：

$$dom(\mathrm{MPNSL}) = \{ r^p_i \mid p \geqslant 2 \wedge 0 \leqslant i < p \}$$

单个角色定义如下所示。对于 $p \geqslant 2$ 和 $0 < i < p-1$，有：

$$\begin{aligned} \mathrm{MPNSL}(r^p_0) = \big(\mathrm{MPK}^p_0, [\ & \mathsf{send}_{(p,A,0)}(r^p_0, r^p_1, \mathrm{MsgA}^p(0)), \\ & \mathsf{recv}_{(p,A,p-1)}(r^p_{p-1}, r^p_0, \mathrm{MsgA}^p(p-1)), \\ & \mathsf{send}_{(p,B,0)}(r^p_0, r^p_1, \mathrm{MsgB}^p(0))]\big), \\ \mathrm{MPNSL}(r^p_i) = \big(\mathrm{MPK}^p_i, [\ & \mathsf{recv}_{(p,A,i-1)}(r^p_{i-1}, r^p_i, \mathrm{MsgA}^p(i-1)), \\ & \mathsf{send}_{(p,A,i)}(r^p_i, r^p_{i+1}, \mathrm{MsgA}^p(i)), \\ & \mathsf{recv}_{(p,B,i-1)}(r^p_{i-1}, r^p_i, \mathrm{MsgB}^p(i-1)), \\ & \mathsf{send}_{(p,B,i)}(r^p_i, r^p_{i+1}, \mathrm{MsgB}^p(i))]\big), \end{aligned}$$

$$
\begin{aligned}
\mathrm{MPNSL}(r_{p-1}^{p}) = \big(\mathrm{MPK}_{p-1}^{p}, [\ & \mathsf{recv}_{(p,A,p-2)}\ (r_{p-2}^{p}, r_{p-1}^{p}, \mathrm{MsgA}^{p}(p-2)\,),\\
& \mathsf{send}_{(p,A,p-1)}\ (r_{p-1}^{p}, r_{0}^{p},\ \ \mathrm{MsgA}^{p}(p-1)\,),\\
& \mathsf{recv}_{(p,B,p-2)}\ (r_{p-2}^{p}, r_{p-1}^{p}, \mathrm{MsgB}^{p}(p-2)\,),\ ]\big)
\end{aligned}
$$

通过为每个角色增加每个随机数的机密性断言和同步一致性断言，我们还能扩展以上定义。

注意，在以上定义中，第一个角色(下标为 0)和最后一个角色(下标为 $p-1$)对其他角色($0<i<p-1$)是相同的，第一个和最后一个通信事件被忽略了。

协议的目的是达成各个参与者身份验证及所有随机数的机密性。下一节将严格讨论这一点，我们先推测出两个观察结果。首先，一个角色 r_x^p 在回合中收到消息 $\mathrm{Msg}^p(x-1)$ (除非 x=0) 和消息 $\mathrm{Msg}^p(x+p-1)$，发送消息 $\mathrm{Msg}^p(x)$ 和消息 $\mathrm{Msg}^p(x+p)$ (除非 x=p)。其次，角色 r_x^p 在回合中创建的随机数在 p 条消息中出现，即出现在消息 $\mathrm{Msg}^p(i)$ 中，这里的 $x \leqslant i < x+p$。

该协议可以用两种方式部署。第一种方式是最常用的方式，协议运行时参与者的数目 p 能动态选择。各个实体从接收的第一条消息中推导出参与者的数目，还能通过消息中得到的随机数的数目 p 推导出有多少前置实体。第二种方式是协议参与者的数目是受限的，如一个四方身份验证协议。下一节的安全分析将基于最常见的方式，即参与者的数目 p 是非固定的。推导的结论对于限定参与者数目的方式同样成立。

7.2　安全分析

上述多方身份验证协议要求满足各个参与者产生的随机数的机密性和多方互认证，且认证级别为单射同步一致性。协议还要求在满足上述安全属性的前提下具有最小消息数。

7.2.1　初步检测

我们先从扩展的 NSL 协议如何满足身份认证入手。

首先，该多方身份验证协议是一种全有或全无(all-or-none)的认证方式。这意味着每当一个实体成功地执行完他的那部分协议步骤后，就能确定其他用户已经通过了验证。换言之，如果任何一个用户无法通过验证，则协议无法成功结束。因此，这个协议对被选实体的子集无法确立认证性。

接下来，关于该协议的另一个基本事实是只有发起者发的第一条消息中的所有实体都是诚实实体，才能保证身份验证的成功。这表明如果有任何一个实体被攻陷，列表中的其他实体就无法被验证。这是因为，以某个实体为例，比如实体 r_0^p 仅验证 r_1^p 的身份，对后一个实体 r_2^p 的身份验证被委托给了实体 r_1^p，以此类推。就一个高效率的多方身份验证协议而言，这样的信任链是必不可少的。对于标准的 NSL 协议和大多其他身份验证协议而言，如果会话包含了一个内部攻击者，则无法满足安全认证。

7.2.2 正确性证明

接下来将比较详细地证明扩展 NSL 协议的安全断言。我们先给出一个简要的证明。

证明概要 证明过程基于这样的事实，即各个实体创建的随机数最初总是保持机密的，即使敌手在后期获得它们也是如此。利用随机数的机密性保持特点，在它们被泄露之前我们总能创建一个消息序列。如果在序列的末尾随机数被泄露，将得到一个与前提相反的矛盾，这就是机密性证明的基本原理。一旦某个角色的随机数能保持机密，就可以用相同的消息序列确立同步一致性。

首先，扩充 3.4 节中的敌手知识集 AKN 的概念。给定一个迹 $\alpha=[\alpha_1,\alpha_2,\cdots,\alpha_n]$，迹的长度 $n=|\alpha|$，定义 $AKN(\alpha,i)$ 表示敌手在协议执行了 α 中第一个 i 事件后的知识集。因此，$AKN(\alpha,0)=AKN_0$ 就是敌手的初始知识集，且 $i\geqslant|\alpha|$，$AKN(\alpha,i)=AKN(\alpha)$ 就是迹中的事件都被执行后敌手的知识集。

再次强调，所有回合中创建的随机数在最初都不被敌手获知。即使敌手能在未来某个时刻获知随机数，但总存在某个时刻点随机数是保持机密的。

引论 7.2 给定一个迹 α，以及一个回合项 $n^{\#\theta}$，有：

$$\exists j: AKN(\alpha,j)\vdash n^{\sharp\theta}\Rightarrow\exists i: AKN(\alpha,i)\nvdash n^{\sharp\theta}\wedge AKN(\alpha,i+1)\vdash n^{\sharp\theta}$$

证明 我们通过敌手初始化知识集可知 $AKN_0\nvdash n^{\#\theta}$。此外，按照表 3.4 的规则敌手知识集是非递减的。

前述结果适用于安全模型中的所有协议。与此相反，按照定义 3.25 的类型匹配模型(*type matching*)假设条件，下面的引论则仅适合于 MPNSL 协议。基于这样的背景，我们能在前述引论基础上予以加强得到下面的引论。如果一个在某个回合中创建的随机数未被敌手获知，则不能构建某些特定的消息项，即这些消息项不能把该随机数作为自身直接的子项。因此，这些消息只能是在以前某个地方得到的。

类似于事件内容 *cont* 函数，我们为回合接收和发送事件定义了一个消息内容(message content)萃取函数。

定义 7.3 事件内容消息(Message Contents of Event) 函数为：

$$mcont:(RecvRunEv\cup SendRunEv)\rightarrow RunTerm$$

该函数确定了某个事件的消息内容，即

$$mcont((inst,\mathsf{send}_\ell(R,R',m)))=\langle inst\rangle(m),$$

$$mcont((inst,\mathsf{recv}_\ell(R,R',m)))=\langle inst\rangle(m)$$

这里，使用该定义是为了在确定真实的消息发送者之前确认一条接收消息的内容。

引论 7.4 令 α 是 MPNSL 协议的一个迹，而 $n^{\#\theta}$、m 和 k 是回合项，则有 $n^{\#\theta}\in$

unpair(m)，且 i 为下标($1 \leqslant i \leqslant |\alpha|$)。因此有

$$\left(AKN(\alpha, i) \nvdash n^{\sharp\theta} \wedge \alpha_i \in RecvRunEv \wedge mcont(\alpha_i) = \{|m|\}_k\right) \Rightarrow$$
$$\left(\exists j : j < i \wedge \alpha_j \in SendRunEv \wedge mcont(\alpha_i) = mcont(\alpha_j)\right)$$

证明　首先观察到所有 MPNSL 协议的消息内容都是加密项 $\{|m|\}_k$ 的形式。因为 α_i 是一个接收事件，按照 *recv* 操作语义规则可知 $AKN(\alpha,i) \vdash \{|m|\}_k$。如果考虑该消息项的各成分，由于 $AKN(\alpha,i) \nvdash n^{\#\theta}$ 和 $n^{\#\theta} \in unpair(m)$，因此一定有 $AKN(\alpha,i) \nvdash m$。依据敌手初始知识集(定义 3.33)的定义，敌手初始知识集不包括局部回合消息的子项，由于 m 包含了 $n^{\#\theta}$，因此可推断出 $\{|m|\}_k$ 不在敌手初始知识集中。为了让 $\{|m|\}_k$ 出现在敌手知识集中，但是又有 $AKN(\alpha,i) \nvdash m$，因此存在一个先前发送消息项的子项。我们用 α_j 标识该发送事件。考察该协议的发送事件，变量不能被加密实例化。这意味着 $mcont(\alpha_j) = \{|m|\}_k$。

在引论 7.4 的基础上可以得到下列性质：

引论 7.5　令 α 是 MPNSL 协议的一个迹，$n^{\#\theta}$ 是一个实例化的新鲜值。如果有

$$AKN(\alpha, i-1) \nvdash n^{\sharp\theta} \wedge \alpha_i \in SendRunEv \wedge n^{\sharp\theta} \sqsubseteq mcont(\alpha_i) \wedge runidof(\alpha_i) \neq \theta$$

则有

$$\exists i'', i' : i'' < i' < i \ \wedge \ runidof(\alpha_{i'}) = runidof(\alpha_i). \wedge$$
$$\alpha_{i''} \in SendRunEv \ \wedge \ n^{\sharp\theta} \sqsubseteq mcont(\alpha_{i''}) \wedge$$
$$\alpha_{i'} \in RecvRunEv \ \wedge \ mcont(\alpha_{i''}) = mcont(\alpha_{i'})$$

证明　给定 $runidof(\alpha_i) \neq \theta$，$\alpha_i$ 所属的回合不是创建随机数 $n^{\#\theta}$ 的回合。因此，一定有一个 α_i 回合的变量 V 被该随机数实例化。变量仅在接收事件中分配，因此回合 $runidof(\alpha_i)$ 必须有一个前置的接收事件 $\alpha_{i'}$，在该事件中随机数 $n^{\#\theta}$ 是它的子项。通过检查协议的所有消息，由此断定该接收事件是唯一定义的。基于 $\alpha_{i'}$ 事件及随机数不在敌手知识集中，我们按照引论 7.4 得到一个前置的有相同内容的发送事件。

直观上说，这个引论揭示出如果一个实体在某个回合发送了一个生成的随机数(因此不在 AKN_0 中)，则这个随机数要么是该实体产生的，要么是该实体通过前面其他某个实体的发送事件获得的。

上述引论为一个发送消息推导出一个前置回合。针对接收到某个随机数的类似场景，我们也能继续应用该引论，获取发生在这个随机数被接收前的一个事件序列。此时，用以下引论表示。

引论 7.6　令 α 是 MPNSL 协议的一个迹，θ 是创建随机数 $n^{\#\theta}$ 的回合标识，如果有

$$AKN(\alpha, i) \nvdash n^{\sharp\theta} \ \wedge \ \alpha_i \in RecvRunEv \ \wedge \ n^{\sharp\theta} \sqsubseteq mcont(\alpha_i) \ \wedge \ runidof(\alpha_i) \neq \theta$$

则存在一个非空的有限的发送事件序列 $\beta = [\beta_1, \beta_2, \cdots, \beta_m]$，且 β 中的事件是迹 α 的一个子集，且有

$$runidof(\beta_1)=\theta \wedge mcont(\beta_m)=mcont(\alpha_i) \wedge$$
$$\big(\forall k:1\leqslant k\leqslant m:\beta_k\in SendRunEv \wedge \exists j,j':' j<j<i \wedge \beta_k=\alpha'_j \wedge$$
$$\alpha_j\in RecvRunEv \wedge n^{\sharp\theta}\sqsubseteq cont(\beta_k) \wedge cont(\beta_k)=cont(\alpha_j) \wedge$$
$$\big(k<m\Rightarrow runidof(\alpha_j)=runidof(\beta_{k+1})\big)\big)$$

证明 该新引论是前一个引论的重复应用结果。引论的最后部分表示，如果随机数被某个回合接收，也将被同样的回合发送，若该回合是最后的接收事件则不用转发（即 k=m）。

推导出的事件序列是一串包含了特定随机数的发送事件链，每个发送消息被下一个发送事件的回合接收。引入上述引论的目的是追踪一个随机数从创建者到接收者的路径，且此期间敌手无法获得该随机数。换言之，β 表示了在达到 α_i 状态前，传送随机数 $n^{\#\theta}$ 的一个发送事件序列，该序列集合是迹 α 的发送事件的一个子集。

根据引论 7.6 确立的 β 事件序列还能推导出更多信息。给定一个发送事件 e，如果消息类型是 A 或 B，可记为 $mtype(e)$。这里的消息类型 A 包含了实体名称和随机数，而消息类型 B 仅包含随机数。

引论 7.7 假设随机数 $n^{\#\theta}$ 由角色 r_i^p 在回合 θ 中创建，p 为参与者数目，i 为参与者下标。

给定一个引论 7.6 确立的 β 事件序列，要求敌手仍未获知某个随机数。存在一个下标 k，有 $1\leqslant k\leqslant|\beta|$，以及存在某个 q 满足：

$$(k<|\beta|\Rightarrow role(\beta_{k+1})=r_0^q) \wedge \forall 1\leqslant n\leqslant|\beta|:mtype(\beta_n)=\begin{cases}A, & n\leqslant k\\ B, & n>k\end{cases}$$

证明 由协议规则可推导出该引论。当在一个回合中创建了某个随机数时，随机数首先作为 A 类消息的一部分发送给下一回合。A 类消息包含实体名称，B 类消息则没有实体名称。接收到这类消息的回合一般总是按照 A 类消息（包含实体的名称）转发收到的消息，除非该回合对应的实体是 r_0^q。这时开始发送 B 类型的消息，消息中不再包括实体名称。如果接收到 B 类消息，以后的回合仅发送 B 类消息。

在引论中，下标 k 的作用是指出最后一条 A 类消息，之后就只有 B 类消息。如果 $k=|\beta|$，则仅有 A 类消息。k 后的第一条 B 类消息由回合中的 r_0^p 实体执行，之后的回合仅发送 B 类消息。

根据操作语义，如果 (θ,ρ,σ) 以实例化形式出现，则 ρ 完全由 θ 确定。给定一个实例化的 (θ,ρ,σ) 上下文环境，用函数 $\varrho()$ 定义了一个回合标识对应的实体，因此 $\varrho(\theta)=\rho$。非正式地说，这表示了该回合某个既定的通信参与者。

这将推导出进一步的结论。由于 β 序列中接收和发送的消息是一致的，而且在 k 之前的消息包含了一系列的实体，所以我们推断：

- 执行事件 $\beta_0,\cdots,\beta_k$ 的那些回合具有相同的参数 q（消息中所有实体的数目再加 1），每个回合有相同的分配给 ρ 的角色实体。

- 给定角色数目参数 q 和一条消息中随机数的数目，我们能唯一地确定消息对应的角色。

这将导致以下引论。

引论 7.8　给定引论 7.6 中创建的序列 β，在回合 θ 中创建的一个随机数(假设回合执行者是 r_x^q)，以及引论 7.7 中的下标 k，有

$$(k < |\beta| \Rightarrow role(\beta_{k+1}) = r_0^p) \wedge$$
$$\forall 1 \leqslant n \leqslant k : \varrho(runidof(\beta_n)) = \varrho(\theta) \ \wedge \ role(\beta_n) = r_{x+n-1}^q$$

证明　所有 A 类型的消息都包含了实体名称，但是去除了下一个消息的接收实体名称，发送的消息将用这个接收实体的公钥加密。消息中实体的数目为所有发送和接收事件界定了参数 q，如果再考虑随机数的数目，就可以唯一确定发送和接收事件的角色。

上述引论有一个重要的前提条件，即那些随机数都不能被泄露。为了标识出某个给定的随机数在特定的某个时刻是安全的，我们将证明下一个引论。

引论 7.9　令 α 是 MPNSL 协议的一个迹，θ 是创建随机数 $n^{\#\theta}$ 的回合标识，k 是一个迹的下标，有

$$AKN(\alpha, k) \vdash n^{\sharp\theta} \Rightarrow \big(\exists j : 1 \leqslant j < k \wedge$$
$$AKN(\alpha, j-1) \nvdash n^{\sharp\theta} \ \wedge \ AKN(\alpha, j) \vdash n^{\sharp\theta} \ \wedge \ \alpha_j \in SendRunEv \wedge$$
$$ran(\varrho(runidof(\alpha_j))) \nsubseteq Agent_H \ \wedge \ n^{\sharp\theta} \sqsubseteq cont(\alpha_j)\big)$$

证明　初始状态时，敌手无法获知随机数，只能在后续某个时刻点获知。该点下标记为 j。根据操作语义我们知道 α_j 必须是一个发送事件。

在 MPNSL 协议中，初始敌手知识集还包含了内部被攻陷用户的长期私钥。回合 θ' 中发送的所有消息通过在集合 $ran(\varrho(\theta'))$ 中选择一个公钥加密。另外，私钥不能包含在发送消息里。因此，敌手无法得到任何额外的长期私钥。通过推导规则可以知道敌手仅能在攻陷内部合法用户后，才能解密得到消息的内容。协议涉及的消息被限制于长期私钥加密信息，随机数按照子项的形式存在于发送消息中，也只能在发送消息中获得。

7.2.3　角色 r_0^p 的随机数机密性

基于前面的引论，可以证明随机数产生于角色 r_0^p 创建的回合，并且试图与诚实实体通信，且总能保持机密性。

引论 7.10　令 α 是 *MPNSL* 协议的一个迹，θ 是创建随机数 $n^{\#\theta}$ 的回合标识，回合由 r_0^p 执行，k 是一个迹的下标，有：

$$ran(\varrho(\theta)) \subseteq Agent_H \Rightarrow \forall i : AKN(\alpha, i) \nvdash n^{\sharp\theta}$$

证明 可以用反证法证明。假设已经产生的随机数被敌手获知，将推导出一个矛盾，根据矛盾可知敌手无法获得随机数。

令 α 是 MPNSL 协议的一个迹，θ 是创建随机数 $n^{\#\theta}$ 的回合标识，回合执行体是 r_0^p。假设该回合试图与诚实实体通信，则实体 $ran(\varrho(\theta'))$ 属于 $Agent_H$。进而，假设敌手在某个时刻获知随机数。我们运用引论 7.9 寻找一个属于回合 $\theta' = runidof(\alpha_j)$ 的事件 α_j，假设在该回合中敌手能先获知随机数，于是有 $AKN(\alpha, j-1) \nvdash n^{\#\theta}$ 及 $AKN(\alpha, j) \vdash n^{\#\theta}$。注意，$\theta \neq \theta'$：随机数不能在回合 θ' 中创建，因为这意味着 θ' 仅和诚实实体通信，且仅发送用诚实实体公钥加密的消息，最终与随机数是在 α_j 事件之后被敌手先获知的假设矛盾。应用引论 7.6 和引论 7.7 可得事件序列 β 和下标 k，k 之前的消息和第 k 个消息是 A 类型的消息，k 之后的消息是 B 类型的消息。

我们将根据 α_j 发送事件中消息的不同类型区分不同场景。一共有两种场景，每一种都将导致矛盾。

- 消息 α_j 为类型 A。根据引论 7.8 有 $j \leqslant k$ 且 $\varrho(\theta) = \varrho(\theta')$。由于 θ 仅和诚实实体通信，θ' 则不是(根据引论 7.9 可知)，这导致了矛盾。
- 消息 α_j 为类型 B。此时消息不包含实体名称且有 $j > k$，因此我们不能立即就涉及实体的诚实性做结论。因为随机数 $n^{\#\theta}$ 是在回合 θ 中产生的，所以 β_1 一定在该回合中执行。回顾此前的 A 类型消息，所有执行了事件 β_i $(i \leqslant k)$ 的回合总有相同的参数 p，并对所有实体名称取得共识：这些实体都是诚实实体。进一步，由于 θ 以角色 r_0^p 的身份执行，故第一条消息仅包含了 θ 的随机数，按照协议给出的规格，随后的每个回合都增加了自己的随机数一直到回合 θ 为止，即 $k = p-1$。对于所有的 $1 \leqslant i \leqslant k$，有 $role(\beta_i) = r_{i-1}^p$。再次回顾协议描绘，$A$ 类型序列中的最后一条发送消息仅被 θ 接收，在下一条发送消息(属于 B 类型)时将不包含自己的随机数。这与假设矛盾，即下一条消息 β_{k+1} 是 B 类型消息且包含了该随机数。

7.2.4 初始化角色 r_0^p 的非单射同步一致性

如果角色 r_0^p 的随机数机密性成立，可推出下述引论：

引论 7.11 角色 r_0^p 的非单射同步一致性成立。

证明 我们仅给出证明概要。给定 MPNSL 协议的一个迹 α，令 θ 是创建随机数 $n^{\#\theta}$ 的回合标识，回合由 r_0^p 执行。根据引论 7.10 可知随机数 $n^{\#\theta}$ 是机密的。因此，如果实体完成了他的回合，总有两个下标 j 和 $i(j<i)$ 且 α_j 是一个发送实例，表示为 $\mathrm{send}_{(p,A,0)}(r_0^p, r_1^p, \mathrm{MsgA}^p(0))$，而 α_i 是一个接收实例，可以表示为 $\mathrm{recv}_{(p,A,p-1)}(r_{p-1}^p, r_0^p, \mathrm{MsgA}^p(p-1))$。如果运用引论 7.6 和引论 7.7，可以发现事件序列 β 中的事件刚好构成了角色 r_0^p 同步一致性所需的事件。这些事件被接收且和发送一致，满足了同步一致性

的要求。接着仅需要证明一个结论：从回合 θ 开始到回合 θ 结束期间，序列 β 必须按照正确的次序包含所有类型为 A 的消息。通过引论 7.8 的角色分配，可以直接推导出这个结论。

7.2.5　非初始化角色 $r_x^p(x>0)$ 的随机数机密性

引论 7.12　令 α 是 MPNSL 协议的一个迹，θ 是创建随机数 $n^{\#\theta}$ 的回合标识，回合由 r_x^p 执行，其中 $x>0$，即角色是非初始化角色，则有

$$ran(\varrho(\theta)) \subseteq Agent_H \Rightarrow \forall i : AKN(\alpha, i) \nvdash n^{\#\theta}$$

证明　运用反证法证明，类似于引论 7.10 的证明。

定理 7.13　已创建的随机数机密性(Secrecy of Generated Nonces)　在 MPNSL 协议中，所有诚实实体(即 $ran(\varrho(\theta)) \subseteq Agent_H$)创建的随机数都保持机密性。

证明　由引论 7.10 和引论 7.12 直接推导可得。

7.2.6　非初始化角色 $r_x^p(x>0)$ 的非单射同步一致性

对于非初始化角色 r_x^p $(x>0)$ 的非单射同步一致性，我们要证明所有 A 类型和 B 类型的消息都必须按照预期的形式出现。进一步，我们将证明对于每一个角色 r_y^p，总有一个回合用于发送或接收真实的消息。

引论 7.14　对于非初始化角色 r_x^p $(x>0)$，都能满足非单射同步一致性。

证明　在非初始化角色可以保持生成的随机数机密性的基础上，可以确定出该角色最后接收事件之前的下标 k 和事件序列 β，该角色记为 $role(\beta_0)=r_x^p$。该事件序列一定包含角色 r_0^p 的一个满足非单射同步一致性的事件，因此能证明其他角色也有相同的结果(类似于上一个引论)。最终，我们得到一个完整的发送和接收序列，刚好满足非单射同步一致性所需的条件。事件的所有接收消息和发送消息都是一致的。引论 7.8 说明了 A 类型消息的存在条件，可推导出协议中的每个角色总对应着某个回合。而且，这些回合的每个随机数都在发送事件 α_k 中出现。按照协议的规则，B 类型消息仅被那些自己的随机数包含在消息中的回合所接收。因此，执行角色 r_1^p 的回合标识等于 $runidof(\alpha_{k+1})$，接收事件必须被标识为 $(p,B,0)$。同理，正确的消息都被创建了随机数的回合所接收和发送。最终，单射同步一致的所有成立条件都能满足。

定理 7.15　非单射同步一致性(Non-injective Synchronisation)　对于 MPNSL 协议，如果所有回合 θ 满足 $ran(\varrho(\theta)) \subseteq Agent_H$，则非单射同步一致性成立。

证明　由引论 7.11 和引论 7.14 直接推导可得。

同步一致性属性意味着接收的消息都被验证了。

定理 7.16 随机数变量的机密性(Secrecy of the Contents of Nonce Variables) 令 θ 是 MPNSL 协议的一个迹中的回合，且满足 $ran(\varrho(\theta)) \subseteq Agent_H$，则回合 θ 中的所有被随机数实例化的随机数变量都是机密的。

证明 基于定理 7.15，可知回合 θ 中的随机数变量一定被某些随机数实例化，这些随机数已经在另外的回合 θ' 中创建，且有 $\varrho(\theta) = \varrho(\theta')$。接着运用定理 7.13 可知机密性成立。

7.2.7 所有角色的单射同步一致性

在第 4 章，我们形式化了单射性的概念，并且证明了同步化协议如何在语法上推导出单射性。按照语法定义的循环属性(loop-property)，同样也能被 MPNSL 协议的所有角色支持。而且上述同步一致性的证明结果也同时蕴含着单射同步一致性。

定理 7.17 单射同步一致性(Injective Synchronisation) 对于 MPNSL 协议，所有满足 $ran(\varrho(\theta)) \subseteq Agent_H$ 的回合 θ 都符合单射同步一致性。

证明 根据定理 5.31 和定理 7.15 可得。

7.2.8 类型缺陷攻击

我们总是假设类型缺陷攻击是不可能的，例如，实体能验证接收的消息是否被正确类型化。这样考虑是基于以下原因。

若排除这样的假设，则 MPNSL 协议存在类型攻击。当角色有相同参数 p 时，角色之间的交互没有这样的限制。当角色实例化后具有不同 p 时，存在多协议类型缺陷攻击，类似于第 6 章讲述的多协议攻击。因此，确保类型的正确性对于 MPNSL 协议而言很重要。通过类型消息预防类型攻击的详细内容在参考文献[92]中。在每个消息中增加类型信息很容易，使用简单的标记方案就足够了。如果在加密消息中对每个 $Msg^p(i)$ 增加一个元组 (p,i)，这里的 p 是参与者数目，i 是消息编号，则协议可有效抵御类型攻击及原始协议中存在的多协议攻击。上面实现的正确性基于标识可以从类型中推导得到的事实。如果我们显式地增加这样一个标识，则对于无类型模型的证明也基于同样的方式，除非标识是从类型中导出而非显式说明的。

注意，类型缺陷攻击不能归结于随机数的特定次序和消息里的实体名称。即使某人能颠倒实体次序或随机数列表次序，甚至能在列表中交织次序，该协议族对于某些 p 值仍然存在类型缺陷攻击。

7.2.9 消息最小化

如同 5.6.1 节讨论的那样，循环属性有助于达成单射性。还有其他的多种代替方法，如细颗粒度的时间戳、增量计数器，以及挑战-响应模式都能保证认证的单射性。如果是基于挑战-响应的方式，我们可以说为了达成单射同步一致性，每一个角色必须发送一个挑战且要求所有其他角色响应该挑战。

在挑战-响应模式的基础上，可以推导出单射同步一致性所需的最小消息数目。假设第一条消息是某个角色 r_x^p 发送的，并且称之为 m。为了在他的第一条消息后对所有角色达成一个循环，每个角色都必须在消息 m 后发送至少一条消息，这样起码产生了 p 条消息。接下来观察到每个角色都要参与协议，则第一条消息要被每个角色转发。如果 r_x^p 是协议中的最后一个角色，则在 r_x^p 发送他的第一条消息之前，起码有 p–1 条消息已经被发送了。再考虑角色的第一条消息后的 p 条消息，一共有至少 $2p$–1 条消息。

7.3　模式变体

图 7.2 中的通信结构有多种实例化方式，这样获得了满足不同需求的认证协议。本节将给出一些有趣的实例。

广义双边密钥交换　首先，协议中创建的随机数都是随机的且对攻击者保密，这个特性非常适合于对称加密。此外，在证明中消息的验证都来源于 A 类型的消息加密体，而不是 B 类型的消息。对于参考文献[44]中的双边密钥交换（BKE）协议，我们可以把非对称加密的 B 类型消息替换为对称加密，加密密钥是接收者创建的随机数。因此，可以在加密列表中去掉作为加密密钥的随机数。符号 ϵ 表示一个常量，代表空的列表。由此得到下列消息定义。图 7.3 阐明了四方的双边密钥交换（BKE）协议。

$$\mathrm{MsgA}^p(i) = \{\!|\, [n(0), \cdots, n(i)], \mathrm{AL}^p(next^p(i)) \,|\!\}_{\mathsf{pk}(next^p(i))}$$

$$\mathrm{MsgB}^p(i) = \begin{cases} \{\!|\, [n(i+2), \cdots, n(p-1)] \,|\!\}_{n(i+1)}, & i < p-1 \\ \{\!|\, \epsilon \,|\!\}_{n(i+1)}, & i = p-1 \end{cases}$$

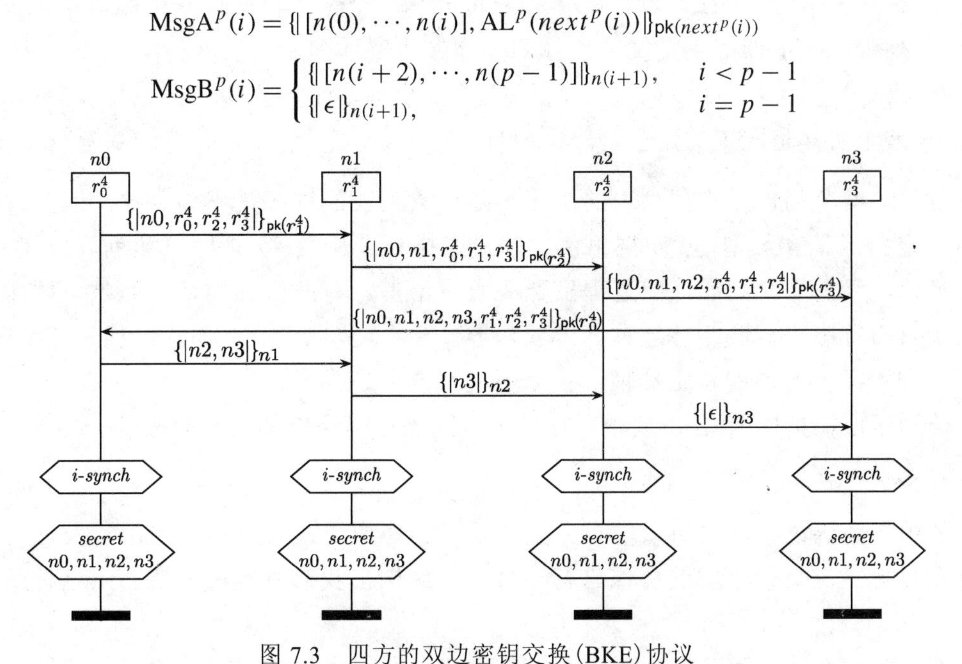

图 7.3　四方的双边密钥交换（BKE）协议

使用角色私钥　如果不需要随机数的机密性，可以使用某个消息发送者的秘密密钥加密信息，而不再使用接收者的公钥加密信息。这导致了以下新的协议。

$$\mathrm{MsgA}^p(i) = \{\!|\,[n(0),\cdots,n(i)],\mathrm{AL}^p(ri)|\!\}_{\mathsf{sk}(r_i^p)}$$

$$\mathrm{MsgB}^p(i) = \{\!|\,[n(i+1),\cdots,n(p-1)],\mathrm{AL}^p(ri)|\!\}_{\mathsf{sk}(r_i^p)}$$

图 7.4 说明了新版本的四方协议。协议有最小化的消息，但是消息的复杂度没有最小化。例如，在角色 r_0^4 的第一条消息中，可以去掉加密操作中的那些角色名称。

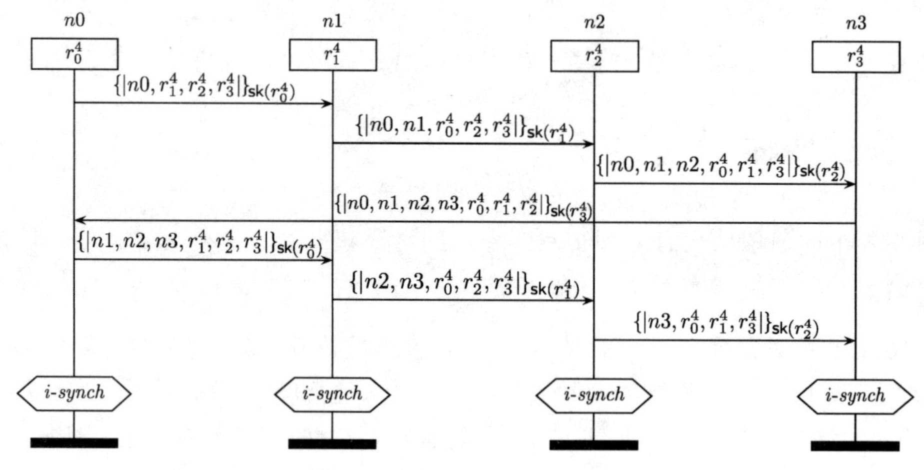

图 7.4 四方 NSL 私钥协议

重排消息内容 在正确性的证明中，我们曾经使用部分(不是所有的)信息辨别协议中的消息。例如，我们使用：

- 有序实体列表 AL。利用实体列表可以从一个输入报文推导出参数 p。而且，列表的次序能够确定发送实体列表和接收实体列表一致。
- 随机数列表。根据随机数的个数，能推导出在给定协议参与者数目 p 的情况下，某个实体是既定的角色(发送或接收)。

观察这两个列表，实体列表的次序与随机数列表的次序是不相干的。因此，我们还可以重新定义 A 类型消息，把角色次序逆序排列在前面，再把随机数列表放在后面。

另外，我们注意到，证明过程虽然要求每个消息有严格的类型，但是不排斥加密信息中具有除随机数和实体名称之外的内容。于是，我们可以在加密中加入任意负载，只要求加入的内容不能和实体项或某个随机数混淆。

这显示出在扩展 NSL 协议中，有多种方法能在两个实体间建立密钥。接下来，我们将讨论该议题。

密钥协商协议 密码协议中有大量的组密钥协商协议。虽然协议中涉及许多不同的安全目标，但是改进后的协议总有某种基本结构，我们有多种方法使用这种结构实现这些安全目标。

通过对所有随机数取散列值后派生出一个会话密钥，扩展 NSL 协议还能转变为一个初步的组密钥协商协议，散列值是 $h(n(0)\cdots n(p-1))$ 。这产生了一个新鲜的已验证的会话密钥，被所有参与者共享。

7.4 弱多方认证协议

本节给出了由 Buttyán、Nagy 和 Vajda[40]设计的两个基于对称加密的多方认证协议。其认证级别对应 4.3.1 节定义的最近存活性。参考文献[40]中的定义 1 为：

我们称 A 验证了 B，即对 A 而言存在一个有限制的时间 I，A 确信 B 在时间 I 内是存活的(例如，B 发送了某些消息)。

多方认证协议如图 7.5 所示。符号 $\mathsf{k}(r0,r1)$ 表示实体角色 $r0$ 和实体角色 $r1$ 的共享密钥。通过一个挑战-响应循环可以确立最近存活性，BNV 协议的作者相信没有反射攻击(可以因使用对称密钥导致)。

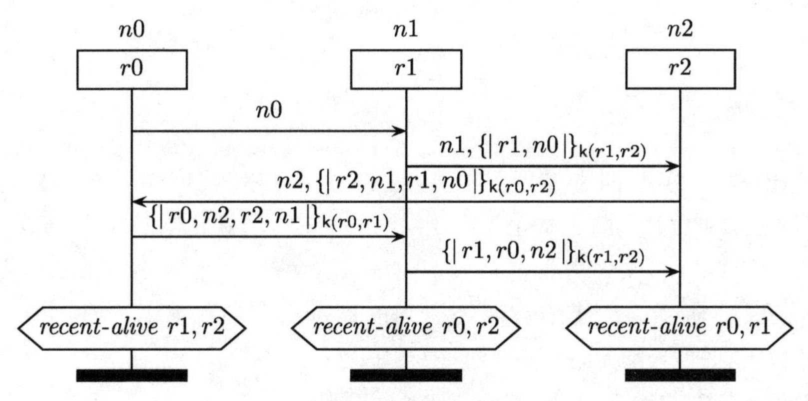

图 7.5 BNV 协议 1，三方版本

然而，该协议不满足一致性或同步性。在图 7.6 中，协议先前的三方不能满足一致性。攻击涉及三个回合。第一回合中，实体 A 按照角色 $r0$ 执行。实体 A 希望验证 B 和 C，因此回合一中的 B 和 C 分别对应角色 $r1$ 和 $r2$。第二回合中，实体 B 按照角色 $r1$ 执行。B 执行协议时把角色 $r0$ 绑定到实体 D，这与 A 的角色指派相矛盾。回合三由实体 C 按照角色 $r2$ 执行，其角色和实体分配与实体 A 一致。

攻击处理过程如下所示。实体 A 向 B 发送第一条消息，敌手把协议初始者标识改为实体 D 的标识。从图 7.6 中可以看见第一条消息有既定的发送者和接收者标识。实体 B 接收了篡改后的消息，向约定的实体 C 转发该消息。转发消息的第一部分没有被加密保护，攻击者就能把消息中的随机数改为任意的 X。接着。实体 C 向 A 发送一条回应消息。回应消息中未被加密的随机数又被攻击者改为 Y。A 收到被篡改的回应消息后，认为协议正确结束，而且 A 认为和其他参与者能达成消息一致性。很明显，消息一致性实际上是无法成立的，这是因为各个实体无法获得一致的随机数 nb 和 nc。另外，实体 B 接收到的第一条消息看起来是 D 发送的，实际上第一条消息来源于实体 A。

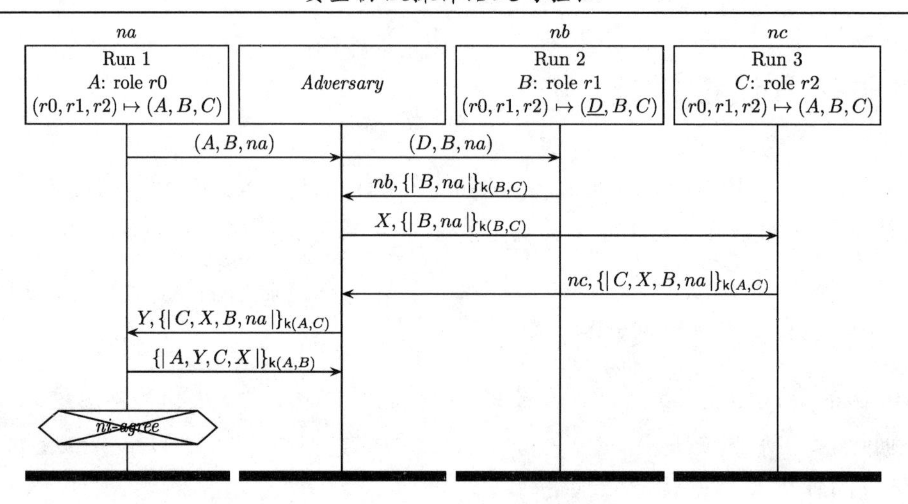

图 7.6 对 BNV 协议 1 的三方版本的攻击

7.5 思考题

7.1 给出图 7.1 中的四方扩展 NSL 协议的协议规格(按照定义 3.13)。

7.2 在图 7.1 的四方扩展 NSL 协议中找出一个类型缺陷攻击。

7.3 考虑下列中心化多方认证协议。某个实体扮演认证服务中心。他与每个实体分别执行双边认证协议。如果所有的验证都能通过，则他向所有实体发送一个确认信号，表示所有实体通过安全验证。

(i) 画出消息序列图，并给出协议的一个形式化规格。

(ii) 根据参与者的数目，确定协议所需要的消息数目。

(iii) 给出协议必须满足的安全需求。用公式表示安全假设(如参与者是诚实实体)。

(iv) 考虑该协议的一个四方参与者实例，手工或用验证工具证明实例化协议满足安全需求。

(v) 证明任意多方参与者也满足安全需求。

7.4 考虑 7.3 节中的扩展双边密钥交换协议。

(i) 给定一个有 4 个参与者的协议实例，手工或用验证工具证明协议满足安全需求。

(ii) 证明任意多方参与者也满足安全需求。

7.5 考虑 7.3 节中的多方 NSL 私钥协议。

(i) 给定一个有 4 个参与者的协议实例，手工或用验证工具证明协议满足安全需求。

(ii) 证明对于任意数目参与者，协议都能满足安全需求。

(iii) 四方协议中消息的哪些部分可以从加密中移去，而不影响协议的正确性？

7.6 证明图 7.5 中的 3PBNV1 协议满足最近存活性。它还能满足基于正确角色的最近存活性吗？给出证明或攻击例子。

7.7　图 7.7 包含了参考文献[40]中的第二个认证协议。说明该协议不满足消息一致性。

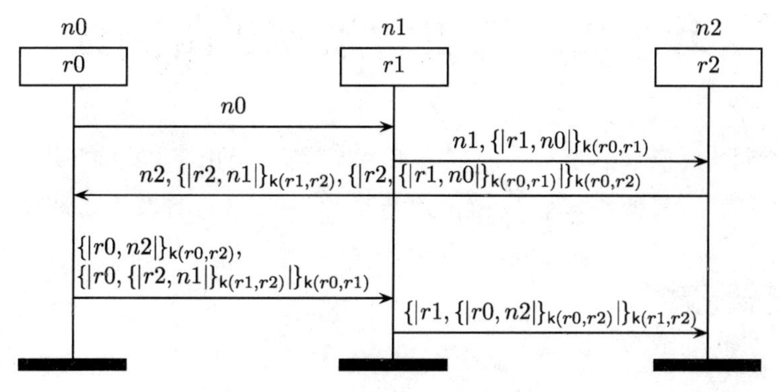

图 7.7　BNV 协议 2，三方版本

7.8　设计并验证一个多方认证协议，要求使用对称加密，并且满足单射同步一致性。

第 8 章　历史背景和进阶阅读

摘要　本章回顾了本书所涉及理论的历史背景，给出了进阶阅读的一些建议，并且描述了协议分析的其他方法。我们仅选择了那些和我们的理论密切相关的方法。

8.1　历史背景

8.1.1　模型

回溯 1981 年和 1983 年，Dolev 和 Yao 发表的著名论文[75,76]奠定了基于符号的安全协议分析的基础。他们引入了一个敌手模型，假设攻击者：(a) 已经完全控制网络；(b) 仅限于特定的加密原语和操作。这两种特性后来被称作基于完美密码学的假设，这种方法抽象了加密算法和操作，不必考虑加密的细节。Dolev 和 Yao 用有限的操作构造了抽象项。例如，给定一个项代表加密操作，攻击者无从获得任何信息除非他知道项所对应的解密密钥。如果知道了解密密钥，他就可以获知项所代表的加密消息。这种高度抽象的方法允许我们定义一个算法，用它来判别那些非常受限制的协议的安全性。

8.1.2　早期分析工具

在 Dolev 和 Yao 的基础工作之后，基于符号的安全协议分析概念被形式化分析社团采纳。在他们的工作基础上，一些研究团队发展了自己的安全协议分析技术。例如，1986 年 Kemmerer 开发了 FDM 分析工具，分析工具使用 Ina Jo 规范语言分析协议的安全性[98]。Kemmerer 还指出，这种方法在系统的设计阶段非常有用，可以探索可替代的方法或在早期发现缺陷。1987 年，Millen 等人为寻找协议上的潜在攻击，开发了 Interrogator 工具[117]，该工具用 Prolog 语言编写，基于反向回溯搜索。之后，1992 年 Longley-Rigby 工具也使用了相似的方法[105]。另一个被广泛使用的工具是 NRL 协议分析器 (NPA)，由 Meadows[111]开发。NPA 在研究许多现实世界的协议时被使用，如参考文献[112]所述，NPA 同时也是 Maude-NPA[81]的设计模板，Maude-NPA 将在 8.2.3 节中讨论。1996 年，Kemmerer、Meadows 和 Millen 比较了这些方法的差异[99]。

8.1.3　逻辑

1989 年，Burrows、Abadi 和 Needham 发表了关于身份认证逻辑[39]的开拓性工作成果，这个逻辑之后被称为 BAN 逻辑，这个逻辑的谓词形式是“P 相信 X”。结果由

一系列假设推导出，利用的推导规则如：如果 P 相信 P、Q 共享密钥 K，并且 P 接收到了消息 $\{|X|\}k$，则 P 相信 Q 曾发过消息 X。这个规则隐含了一个代理模型的假设——其他理论大多不涉及的假设，即一个代理可以检测和忽略自己的消息。逻辑的一个重要性质是它不区分某个实体的不同运行回合(或者称线程)。这种设计方式暗示 BAN 逻辑使用了相对的弱身份认证。被认证的协议大多具备特定的形式，即：A 相信 A 和 B 共享密钥(或“...共享密文 X”)，并且 A 认为 B 相信 A 与 B 是共享密钥 K 的。这种弱一致性的认证甚至比最近存活性更简单。此外，BAN 逻辑的攻击者在协议外部，不考虑内部攻击者。因此，虽然 Burrows、Abadi 和 Needham 证明了 Needham-Schroeder 协议的安全性，但是 Lowe 却在基于内部攻击者的假设中发现了一个攻击。

关于 BAN 逻辑的一个诟病是它缺乏操作语义，很多研究者还指出它的一些公理仍未健全。随后，许多研究人员设计了扩展的 BAN 类逻辑，并且试图为其提供一个语义，参见参考文献[5,39,87,126,151,152]。一个核心的问题是如何将高层的实体行为和底层的基于回合的语义联系起来。最终，这些尝试要么产生了过于复杂的解决方案，要么遗留了初始的缺陷未被解决。这些问题伴随着自动化工具的不断发展，导致在 1990 年中期，BAN 逻辑的后续研究者对基于逻辑的理论逐渐失去了兴趣。

逻辑方法的重新兴起是从 2001 年出现的协议组合逻辑开始的[78]。早期这种逻辑的版本近似于 BAN 逻辑的设置，从这个意义上来说它的安全推导基于较高抽象层的实体，不考虑单一实体的多个并发回合。这种设置继承了 BAN 的某些限制，如可以被证明的安全属性。协议组合逻辑的一个主要目的是构造组合性，即当要证明多协议的组合是否正确时，允许重用单个的协议证明。可以把组合逻辑看成专用于验证并发程序正确性的 Owicki-Gries 理论[127]的一种特例。之后的 PCL[65, 66]逻辑采用了基于回合的模型。然而，基本逻辑的范围仍然是受限的，且依然存在可靠性问题[54]。为了解决这些问题，就不得不增加逻辑的复杂性，相应的协议证明也更加冗长[67]。

8.1.4　验证工具

早期的符号化验证方法专注于重新确认协议的已知结论：要么验证某个已经被认定为安全的协议，要么能自动检测协议中已知的攻击。正如 1996 年[98]Kemmerer 观察到的，安全协议的验证还应该能够发现未知的攻击。1996 年，Lowe 使用了 FDR 模型检测作为 Casper 协议分析工具[107]的检验理论。分析 Needham-Schroeder 公钥协议时，该自动化工具发现了一个新的攻击，而这个协议在 BAN 逻辑中被证明是正确的。这个攻击现在被称为经典的中间人攻击。Needham-Schroeder 协议能被 BAN 逻辑证明是正确的，其原因是敌手模型的不同假设。在 BAN 逻辑中，不能发现这种中间人攻击。在 Lowe 的模型中，一些拥有长期私钥的实体可能会向攻击者泄露自己的私钥。这种敌手模型和我们的模型一样，安全目标必须局限于诚实实体之间的通信。

Lowe 的例子表明，即使是一个有 20 年历史的被认为安全的协议，仍然存在某种安全隐患，而且这种攻击能够由验证系统自动检测。这引起了研究者对开发自动协议分析工具的兴趣。第一个新方法是基于显性模型检测，模型的算法要涵盖一个实体所有可能会接收到的信息。研究结果包括通用模型检测器，如 FDR[141]和 Murϕ[122]，另外还有专用的模型检测器，如 Brutus[45]。为了运用这些方法，要求消息空间大小是有限的，并且迹的长度有边界，这些限制条件允许这些检测器以前向的方式生成所有可能的迹。

与此同时，研究人员开发出基于约束的算法，这种算法尝试避免处理所有可能接收消息的分支场景，转而用符号化的方式处理，即：一个接收消息必须来源于某一集合(敌手知识集)中的推导结果，且确实存在这样的消息。1999 年，Huima 首先描述了这种思路[93]，并且长期致力于基于约束技术的扩展和优化[17,22,46,118,157]。这些方法允许对敌手派生出无限的消息集，但是仍然限制了生成迹的长度。

另一种方法是执行逆向搜索，从反向安全性质的角度出发，就像我们在本书里做的一样。与前述工具比较，这允许无限的验证，即没有运行回合数目的限制。这种理论的基本思想由 Song 在她的 Athena 验证工具[147,148]中第一次描述。这些观点被进一步扩展，最终孕育出了 Scyther[55]和 Tamarin 验证工具[114,143]。

一直到 1997 年之前，大多数工具都是基于模型检测的理论。终于，1997 年提出了另一个新的理论，当时 Paulson 把交互式定理证明器 Isabelle[125]应用到了协议验证领域，最终产生了归纳方法[130, 131]。在这种理论中，我们可以把系统(伴随敌手的多实体执行环境)形式化为一系列可能的迹。首先，系统被建模为归纳定义的迹的集合。然后，验证者陈述和归纳地证明一系列定理，这些定理表示待验证系统具有某些预期的属性，即每一个系统迹要满足诸如身份认证或保密之类的安全属性。所有的证明通常是在严格限制的条件下进行的，如所有变量被严格类型化并且所有的密钥都是原子类型。归纳证明时需要一些关键性的用户交互，目前已经在很多协议的验证中被采用。例如，包括一些简单的身份验证协议如 NSL 公钥协议和 Otway-Rees 协议[131]、密钥分发协议 Yahalom[133]、递归身份认证协议[131]，以及防抵赖协议 Zhou-Gollmann[29]。此外，该方法已经用于验证许多工业标准协议。这些协议包括 Kerberos 第 4 版本[27,28]、SSL/TLS[132]协议，以及 SET 协议[23-26,134]的部分内容。

到了 2001 年，Blanchet 开发出著名的 ProVerif 工具[33]，随后这个验证工具被大量应用在许多案例研究中。ProVerif 使用了高度的抽象，避免了许多特定回合的推导，同时避免了生成无限的随机数。ProVerif 的抽象非常成功，其效率被证明非常高效，其应用范围也不断扩大。我们将在 8.2.3 节更详细地讨论 ProVerif 工具。

还有另一种验证方法，是基于 SAT-solving 的验证，由 Armando 和 Compagna 开发 SATMC 工具[13]时提出。这个工具利用一系列搜索预期问题的技术，将协议的安全问题限制在有限的回合和一个有限的信息空间中，并且转化为既定命题逻辑中的问题。接下来，这种既定安全问题将会被给出一个通用的 SAT-求解。此外，该验证工具已经扩展为可以支持线性时序逻辑(linear-time temporal logic LTL)片段中的特定属性[135]。

8.1.5　多协议攻击

多协议攻击在 1997 年首次被 Kelsey、Schneier 和 Wagner[97]提出。它有时也被称作跨协议攻击。Kelsey 等人展示了对于任意给定的正确协议，可以用其构造出另一个协议，这样当这两个协议并行执行时，攻击者可以利用第二个协议对第一个协议发起攻击。

在接下来的几年里，研究者发现了一些多协议攻击或构造出了多协议攻击[7,158]。从 2006 年开始，Scyther 工具就被用来发现一些新的多协议攻击，如参考文献[53,110]所示。

多协议攻击的存在意味着当组合协议时，如果要保留原有安全属性，就必须满足特定的要求。在很长一段时间内，无论是形式化理论研究者还是密码学社区研究者，都尝试在最小化的条件下建立组合安全协议。在符号化条件设置中，已经确定了一些协议组合的充分条件，如参考文献[8,48,68,90]所示。其他条件和受限应用域也被研究过，如参考文献[41,42,88]所示。

按照本书中提出的多协议攻击的定义，没有对攻击者的行为有任何限制。限制定义在参考文献[69]中给出，在那里攻击者只允许将消息从一个协议重放到另一个协议里。

8.1.6　复杂度分析

随着验证工具的发展，许多研究人员在符号化协议分析时尝试确定问题的复杂度。在 1999 年，关于机密性属性的判定验证，即确定敌手是否能在协议执行期间获得特定信息项，被认为是不可判定的[77]。2001 年，研究结果表明如果运行的回合是有限的，则机密性问题是可判定的[139, 140]。之后，其他几个子类问题被单独地进行了复杂性分析，参见参考文献[156]的概述和对早期结果的修正。

8.1.7　符号化模型和计算模型之间的差异

形式化社区研究者在确立问题的复杂度和研发符号化模型的验证工具上取得了很大的进展，密码学社区研究者也给出了他们自己的安全定义，例如，定义了密钥交换协议中的安全性。这种安全定义被称为计算模型。他们的理论基于随机比特串的概率分布，而不是符号化的抽象项。此外，他们将攻击者模拟为能以多项式运行的任意图灵机，而不是把它们局限为一系列固定的操作。如果攻击者以不可忽略的概率成功地攻击协议，攻击者能有效地解决一个已知的数学难题(如因式分解)，并且能描绘这样的过程，这就是一种按照计算模型定义的协议。因此，计算模型比符号化的基于

Dolev-Yao 敌手环境的模型更加详细，并且提供了强大的安全保障。然而，它们固有的复杂性使得它们在当时不太可能有自动化工具的支持。①

尽管如此，这种基于计算模型的安全定义方法也开始被形式化团体的研究员所采用。1998 年，Lincoln 等人提出了关于安全协议验证的概率框架[104]。然而，该方法的复杂性使其并没有被人们采纳。到了 2000 年，Gollmann 研究了计算模型和形式化方法之间的差异[86]，并推荐混合使用这两种方法。另外，2000 年 Abadi 和 Rogaway 研究了符号化方法和计算模型之间的部分差异[4]，即关于被动攻击者的加密符号的完整性。这导致了许多后续工作，参见参考文献[50]的概述。

然而，还有另一种不需要考虑随机比特串的方法，可以消除这两种方法之间的差异。在 Dolev-Yao 模型和本书所假设的模型中，两个消息项是等价的，当且仅当它们在语法上等价。这种假设模型使得我们很难通过一些典型的密码原语来模拟代数性质，如 Diffie-Hellman 协议中的求幂运算。模拟代数性质更切实的一种方法，是用等式理论将消息项化为等式。例如，可以把消息项 $\exp(\exp(g,a),b)$ 等同于消息项 $\exp(\exp(g,b),a)$。对于模型可以很方便地用等式代替，但是很难直接获得相应工具的支持。2003 年，Millen 和 Shmatikov 发表了一些早期成果，涉及受限的安全分析和 Diffie-Hellman 求幂的表达方式[119]。后来的工作扩展了这些结果，如 Basin 等人在参考文献[21]中的扩展工作。我们将在 8.2.3 节列出更多特定的工具。对于密码协议中的代数性质的概述，请参阅 Cortier 等人的文献[49]。

在此期间，密码学社区在建立新的原语和设计抵抗强攻击者的协议上取得了显著的进展。为了调和两个领域的差异，早期研究主要集中在扩充 Abadi 和 Rogaway 的成果上，考虑更多的操作原语和主动敌手环境，如参考文献[16]所示。后来，Basin 和 Cremers 重新研究了敌手模型的差异，分析了两种方法[19,57]的各种折中方案，最终设计了一个形式化理论框架、扩展了 Scyther 验证工具，可以支持不同强度的敌手模型。

8.1.8 消除安全分析和代码实现之间的差异

在基于符号的安全分析中，协议模型往往只考虑密码学函数、发送和接收步骤，具备高度抽象性，不考虑业务控制流程及传送载荷如何产生和解析等细节。其结果是，安全分析结果和协议具体实施的安全性之间有显著的差异。

研究人员也尝试减少符号化检测模型和具体实现之间的差距。一种方法是将实现的加密原语从其余代码中分离出来。然后验证使用加密程序库的这部分代码是否满足其安全属性。之后，在确保保留安全属性的前提下，将这些代码转化为一个底层原语的具体实现。这种方法特别适合允许直接形式化分析的编程语言，如函数式编程语言。有一些具体的实例，如 Bhargavan 等形式化验证了 TLS 的主要内容[30]，以及参考文献[31]中的工作。另一种方法是直接对具体代码执行符号分析，这需要

① 几年后，研究者开始了基于计算模型的自动化工具的开发工作[35]。

以一种合理的方式从代码中提取出符号化模型。这种方法的一个例子是参考文献[6]。还有一种方法是遵循基于精炼的形式化流程[32,123,150]。先从一系列功能和安全需求开始，按照不同层次的细节构建一系列的模型，然后逐步实现安全需求。每个模型要予以精炼证明，这样才能确保安全属性得以保留。最终系统可以用具体代码实现。

8.2　可选方法

本书提及的建模框架和验证工具不是能解决所有问题的“银弹”。目前有很多不同的方法，每一种方法都有自己的优势。本节将给出替代方法的概述和它们的显著区别性特征。

8.2.1　建模框架

应用 Pi 演算

一个非常著名的安全协议建模形式化系统是应用 Pi 演算[2]。它可以看作一种通用的 SPI-演算[3]。SPI-演算在 Milner、Parrow 和 Walker 提出的 Pi 演算[120,121]基础上发展而来。应用 Pi 演算是一种进程运算，用于并发进程的通用形式化规格说明和推理。它提供了丰富的代数术语，能为各种密码操作建模。应用 Pi 演算获得了巨大的成功，其重复原因之一是验证工具 ProVerif 所能处理的两种输入语言中包括了应用 Pi 演算。与本书定义的角色运行脚本不同，它允许特殊的分支和循环行为。

串空间

串空间方法[155]和我们使用的方法密切相关。它提供了一种优雅的方式来推理基于 Dolev-Yao 敌手模型的协议的执行。在串空间中，一个协议特指一些(参数化)串的集合，用附加约束表示哪些参数表示新生成的值(随机数)，哪些表示变量。串空间与我们的验证相比，主要区别是我们提供了一个全序形式化语义，定义了一个协议与其行为的关联，而串空间使用偏序事件描述协议的执行。串的概念类似于本书中回合的概念，一个串空间是一组所有可能的串的组合，对应了交错回合的语义模型。串的概念与我们的可达迹的概念接近，可以有效地推导出某些迹的类别。串空间在某些细微处的处理上也不同于我们的方法，如随机数生成、敌手初始知识集的处理和诚实/妥协实体。在我们的模型中，这些概念是明确的并且在语法层予以解决，而在串空间模型中这些概念通常被形式化为额外的要求，例如，随机数是在基本模型之外生成的，或者把它们当作串的参数。同样，一个串中的新鲜值和变量之间没有严格的区别。这些设计选择给模型带来了相当大的灵活度，但难以说明操作语义中某些不同的建模场景。

串空间方法被用于证明了许多假设推导[72,90,91,153,154]，并且是几种验证工具[46,118,137,148]的理论基础。此外，对串空间形式化理论有许多扩展，如混合串空间的多协议分析[154]，以及基于状态和过程捕获的串空间变体[89]。

8.2.2 安全属性

每个安全协议分析框架都有其独特的方式来定义安全属性。此外，对于安全属性的规格说明也是一个研究领域。同时，验证模型与逻辑也伴随着具有特定含义的安全属性的建模变化而发展，如参考文献[47,82,144]所示。

机密性

对于特定的安全属性，我们发现机密性在各种模型中被以相似的方式处理，和本书的处理方式一致。还有另一种机密性被称为强机密性[34]，基于不可区分性：敌手无法区分两个进程是相同的，除非该项是保密的。后来的研究结果表明，特定限制条件下的标准机密性概念(本书所用的)蕴含着强机密性[51]。

认证性

对于身份认证属性，情况则更加复杂。从历史上看，对于通信协议的认证性有许多不同的解释。早期的认证概念简单地提到通信信道上的一“端”可以对另一端确保自己的身份，如参考文献[124,136]所示。一个身份被认为是一“端”。这些概念看起来非常类似于 Lowe 在参考文献[108]中的存活性(aliveness)定义。对于这种形式的认证，只要求被认证的一方执行某些操作证明其身份(如用实体的私钥签名)，无须考虑上下文环境或向谁证明其身份。这是一种非常弱的认证形式。

1996 年，Roscoe 指出了安全属性的外延和内涵规范的区别[138]。这些区别源于：某些安全属性规格是独立的，与协议结构无关，与这些属性和协议设计的意图有关；而其他某些安全属性直接和协议结构有关。例如，协议的目的可能是为了认证一个密钥(没有其他意图)。如果一个认证性定义使用这样的协议无关的信息，则把它称为一个外延规范(extensional specification)。与此相反，如果一个指定的属性和协议结构有关，它就被称为一个内涵规范(intensional specification)。例如，同步性就是一个内涵安全属性。我们将基于这个区别，为以下多个认证定义分类。

认证属性的外延规范

在外延规范中，认证目标不是从协议规范导出的，而是被独立地指定。例如，ISO/IEC9798-1 标准[83]指出认证需要验证实体已声明的身份。按照这个定义，Gollmann 在参考文献[85]中提出必须谨慎对待一个消息的发送者，并且必须阻止重放攻击。Gollmann 认为，整个通信会话的认证必须先从一个会话密钥的设置开始，后续消息的认证必须基于此会话密钥。基于这种假设，他提出了四种认证目标。这些认证目标明确假设了使用私钥和会话密钥实现协议，这限制了认证定义的应用域。

在参考文献[108]中，Lowe 介绍了认证属性的层次继承结构。其中的多个认证属性通过外延规范被形式化，如表示数据源的认证。Lowe 的工作建立在 Diffie 等人[71]和 Gollmann[85]早期的研究结果之上，产生了 4 种不同形式的身份验证，即存活性、弱一致性、非单射一致性和单射一致性认证。在此基础之上，我们进一步考虑了数据项子集的一致性和最近存活性(这两个主题在这里不讨论)。 最终，许多不同的、精巧的外延规范认证属性被提出。其中大部分直接来源于 Lowe 的研究成果。

在参考文献[36]中，Boyd 提出了另外一种外延规范的身份验证层次结构。Boyd 的目标重点是密钥的建立，以及协议用户预期的最终结果。类似于 Gollmann 的观点，Boyd 假设认证是在一个密钥交换协议的上下文中被解释的。这种观点认为，已认证对象是一些由一个会话密钥担保的通信，会话密钥则是一个密钥确定协议的输出。Boyd 的观点导致了另外一些不同的定义。

关于认证的一些更深入的主题中可以在参考文献[100]中找到，其中简要介绍了防止信息流篡改(message stream modification)的机制。有三种机制可以预防篡改：可靠消息的确定、完整性和有序消息。虽然没有用形式化的方法说明，但是这个概念类似于本书中的非单射同步一致性。

认证属性的内涵规范

1996 年，Roscoe 在参考文献[138]中介绍了内涵规范。从抽象层上看，这些规范可以看成通信的认证。我们在第 4 章给出的定义都是内涵规范。Roscoe 的研究工作中没有区分认证子类，也没有引入单射性的概念。相反，Roscoe 非形式化地简述了“内涵规范”的概念，这非常类似于非单射同步一致性的概念。

更早的关于“内涵规范”的非形式化概念，可以在 1992 年 Diffie 等人的文献[71]中找到。这里，参与者需要匹配历史性消息。如果协议的最后一条消息从未被收到，则消息历史列表保存的消息是局部消息。注意，最后的消息总是在某个安全断言之前。该文献中认证的定义包括记录了每个消息被发送和接收的时间，对应非单射同步一致性。

多方认证

根据多方认证的定义，我们发现了在计算模型中的大量研究成果，如参考文献[14,15,38]所示。其结果是，这些定义通常只考虑静态的敌手，并没有考虑协议和敌手的动态行为。这些协议通常采用组播原语，并在此原语的基础上分析协议的复杂性，如参考文献[96,115]所示。相比本书中介绍的协议，这一类协议能满足许多不同的安全目标。

在安全协议的符号化分析中，协议通常只有两个或三个角色。除 Paulson 的归纳法外，大部分理论框架都假设协议的参与者是固定数量，则不适合参数化的协议规范分析。因此，它们一般不能用于分析多方协议，但它们可以被用于分析这种协议的具体实例。例如，ProVerif[33]已经被用于分析 GDH 协议的实例[15]。尽管符号化分析方法是成功的，但是很少有多方协议用此方法构造。一个值得注意的例外是参考文献[40]，其中，作者为任意数量的参与者构建了两个挑战-响应协议。然而，这些协议既不满足同步性，也不满足一致性，如 7.4 节所示。

非迹属性

到现在为止，除强机密性外，本章的其他安全属性都是迹属性：它们可以被定义为迹上的安全断言。如果一个协议在它的所有迹中都能满足安全属性，则称该协议满足一个迹属性。与此相反，还有许多有趣的安全属性不能被表示为迹属性。这些特性往往定义为不可区分性：攻击者不能区分两个系统。例如，强机密性及一些隐私和匿名的安全属性都是非迹属性。目前有一些工具能支持这些属性，如强机密性，而其他的一些有趣的安全属性仍然是研究的热点。

8.2.3 验证工具

除 Scyther 验证工具外，还有另外几个著名的安全验证系统。这些工具的执行效率有所不同，不过它们之间的主要区别是可以有效分析的协议-属性规范的类型是不同的。

Tamarin 证明器

按照本书讨论的工作路线继续深入研究，我们开发了 Tamarin 证明器[114,143]，它提供了一个严格的通用化的 Scyther 建模框架。它同时支持自动和交互验证：用户可以观察搜索树，局部性地改变启发式算法生成的选择，然后可以为算法提供附加公理，目的是为了更精确地建模或在工具无法直接验证属性时人工介入。另外，它提供了等式理论，包括：Diffie-Hellman、双线性对，以及任意子项收敛重写系统等的等式理论规范。如果使用量化时间的一阶逻辑的监护段(a guarded fragment of first-order logic with quantification over timepoints)，Tamarin 还支持迹属性规范。它的特点使其特别适用于分析各种状态系统，如密码 API，以及分析具备特定安全属性的密钥交换协议。

Tamarin 已成功应用于许多协议的分析，包括 TESLA 协议、YubiKey 协议和其他许多密钥认证交换协议，这些验证都是基于无限回合的验证，并找到了攻击[114,143]。

ProVerif

正如前面提到的，另外一种广泛使用的分析工具是 ProVerif[33]。协议可以直接规范为 Horn 族，或先转为应用 Pi 演算再转化成相应的一组 Horn 族。ProVerif 可以分析无限回合的协议，基于它的两种协议抽象。首先，协议被解析成一系列 Horn 族，这意味着相同的协议规则将被忽略。其次，新的数值，如随机数由等价类取代。等价类的一个基本例子是，对于 A 与 B 通信使用的一系列随机数，可表示为 $n(A,B)$。实践表明，ProVerif 对协议的抽象是非常有效的。在这种情况下，抽象算法将试图找出违背安全的反例，工具则试图构建一个具体的攻击迹。如果成功，将生成具体的攻击报告。如果无法构建攻击，工具系统将输出一个未知结果。此外，该算法不可终止。

ProVerif 允许用户自定义机密性，即用各种等价观察进程，表达强机密性[34]和特定的隐私性。此外，用户可以定义各种认证属性，在应用 Pi 演算中称为一致属性(correspondence properties)。由于其支持非迹属性，即等价观察，所以它也可用于电子投票协议的自动分析[146]。

ProVerif 很难处理各种状态性协议，如各种密码学 API。这来源于它的高度抽象方法，以及注重敌手知识集[9]。在一些限制条件下，有一些预处理工具允许 ProVerif 处理密码运算，如异或[102]、Diffie-Hellman[101]和双线性对[128]。ProVerif 已被用于大量的案例研究，如 JFK[1]和其他协议[9,101,102,146]。

Maude-NPA

Maude-NPA 工具[79,81]是 NRL 协议分析器的后续版本。在所有的协议分析工具中，它对方程式推理的支持最好。特别是它直接支持异或[142]和同态加密[80]。在 Maude-NPA 中，使用类似于串空间的语言规范协议。它使用后向搜索策略，用重写逻辑实现。先给出一个不安全的状态，然后验证工具开始检测是否能由初始状态推导到不安全状态。

它的前身是 NRL 协议分析器，曾用来验证互联网密钥交换协议[112]。

CPSA

串空间形式化分析框架[155]的验证工具有 CPSA[137]，其算法结合了串轮廓的概念[74]和认证测试理论[91]。从本质上讲，CPSA 算法使用串空间模型的扩展版本，推断出协议角色的完整特征和其他可能的事件。

如前所述，参考文献[72,73]把术语“完整特征”(complete characterisation)引入串空间框架的上下文中。CPSA 基于串轮廓和串形状(skeletons and shapes，参考文献[74]中的定义)的代数理论：串轮廓犹如不考虑敌手事件的迹模式；串形状类似于不考虑敌手事件的可达迹模式。将一个“完整特征”定义为一个串形状集合，该集合构成一个串轮廓。

给定一个串轮廓，利用认证测试[91]的方法，CPSA 可以生成一个串形状集合。在特征化 Needham-Schroeder 协议的响应者角色时，CPSA 准确地生成了一个串形状，能同时获得正确的执行和攻击，而在我们的验证方法中发现了两个可达迹模式。验证结果有差异，这是因为 CPSA 不考虑敌手事件：就串形状而言，正常的执行行为是攻击的一个特例；从可达迹模式看来，当某个实体严格要求解密和加密事件，而另外一方并无此要求时，攻击和正常行为是不同的，不能互为实例。

AVANTSSAR 工具套件

AVANTSSAR 工具套件[10]是另外一种协议验证工具，是 AVISPA 工具套件[11]的扩展。与 AVISPA 工具套件相似，AVANTSSAR 工具套件支持有限回合协议验证。另外，它还能对业务流程和策略进行建模。在 AVANTSSAR 中，协议规范被转化成形式化的重写集(set-rewriting)。之后，这种处理后的规范被传递到三个后端处理部件，选择 Cl-Atse[157]、OFMC[22]、SATMC[13]中的一个验证规范，在有限回合内尝试寻找攻击。

AVISPA 工具套件已被应用到许多工业案例中，包括几个 IEEE 标准和 SAML2.0 单点登录标准[12]的验证。

Scyther-Proof

Scyther-Proof 工具[113]使用了本书中算法的一个变体。其主要增加的特点是能生成 IsabelleHOL 定理证明器[129]的证明脚本。生成的证明脚本包括一个嵌入操作语义、一个对预期安全属性正确性的证明，脚本非常类似于 Scyther 对搜索树的检查。这些证明脚本可以通过 Isabelle/ HOL 进行自动检查。这样，这些证明的正确性验证可被独立出来，不会被 Scyther-Proof 工具中的潜在缺陷影响。

在实体认证协议验证中，曾用 Scyther 检测出 ISO/ IEC9798 标准的安全缺陷，接下来，Scyther-Proof 工具被应用到改进协议的自动化验证中[20]。

参考文献

[1] M. Abadi, B. Blanchet, C. Fournet, Just fast keying in the pi calculus. ACM Trans. Inf. Syst. Secur. 10(3), 9 (2007)

[2] M. Abadi, C. Fournet, Mobile values, new names, and secure communication, in *28th ACM SIGPLAN-SIGACT Symposium on Principles of Programming Languages* (*POPL'01*), ed. by C. Hankin, D. Schmidt, London, UK (ACM, New York, 2001), pp. 104–115

[3] M. Abadi, A.D. Gordon, A calculus for cryptographic protocols: the Spi calculus. Inf. Comput. 148, 1–70 (1999)

[4] M. Abadi, P. Rogaway, Reconciling two views of cryptography (the computational soundness of formal encryption), in *IFIP International Conference on Theoretical Computer Science* (*IFIP TCS'00*), ed. by J. van Leeuwen, O. Watanabe, M. Hagiya, P.D. Mosses, T. Ito, Sendai, Japan (2000), pp. 3–22

[5] M. Abadi, M. Tuttle, A semantics for a logic of authentication, in *10th ACM Symposium on Principles of Distributed Computing* (*PODC'91*), Montreal, Canada (ACM, New York, 1991), pp. 201–216

[6] M. Aizatulin, A.D. Gordon, J. Jürjens, Extracting and verifying cryptographic models from C protocol code by symbolic execution, in *18th ACM Conference on Computer and Communications Security* (*ACM CCS'11*), ed. by Y. Chen, G. Danezis, V. Shmatikov, Chicago, USA (ACM, New York, 2011), pp. 331–340

[7] J. Alves-Foss, Multiprotocol attacks and the public key infrastructure, in *21st National Information Systems Security Conference* (*NISSC'98*), Arlington, USA (NIST, Gaithersburg, 1998), pp. 566–576

[8] S. Andova, C.J.F. Cremers, K. Gjøsteen, S. Mauw, S.F. Mjølsnes, S. Radomirović, A framework for compositional verification of security protocols. Inf. Comput. 206(2–4), 425–459 (2008)

[9] M. Arapinis, E. Ritter, M.D. Ryan, StatVerif: verification of stateful processes, in *24th IEEE Computer Security Foundations Symposium* (*CSF'11*) (IEEE Computer Society, Los Alamitos, 2011), pp. 33–47

[10] A. Armando, W. Arsac, T. Avanesov, M. Barletta, A. Calvi, A. Cappai, R. Carbone, Y. Chevalier, L. Compagna, J. Cuéllar, G. Erzse, S. Frau, M. Minea, S. Mödersheim, D. von Oheimb, G. Pellegrino, S.E. Ponta, M. Rocchetto, M. Rusinowitch, M. Torabi Dashti, M. Turuani, L. Viganò, The AVANTSSAR platform for the automated validation of trust and security of service-oriented architectures, in *18th International Conference on Tools and Algorithms for the Construction and*

Analysis of Systems (*TACAS'12*), ed. by C. Flanagan, B. König, Tallinn, Estonia. Lecture Notes in Computer Science, vol. 7214 (Springer, Berlin, 2012)

[11] A. Armando, D.A. Basin, Y. Boichut, Y. Chevalier, L. Compagna, L. Cuellar, P.H. Drielsma, P. Heám, O. Kouchnarenko, J. Mantovani, S. Mödersheim, D. von Oheimb, M. Rusinowitch, J. Santiago, M. Turuani, L. Viganò, L. Vigneron, The AVISPA tool for the automated validation of internet security protocols and applications, in *17th International Conference on Computer Aided Verification* (*CAV'05*), Edinburgh, UK. Lecture Notes in Computer Science, vol. 3576 (Springer, Berlin, 2005), pp. 281–285

[12] A. Armando, R. Carbone, L. Compagna, J. Cuéllar, M.L. Tobarra, Formal analysis of SAML 2.0 web browser single sign-on: breaking the SAML-based single sign-on for Google apps, in *6th ACM Workshop on Formal Methods in Security Engineering* (*FMSE'08*), ed. by V. Shmatikov, Alexandria, USA (ACM, New York, 2008), pp. 1–10

[13] A. Armando, L. Compagna, SAT-based model checking for security protocols analysis. Int. J. Inf. Secur. 7(1), 3–32 (2008)

[14] G. Ateniese, M. Steiner, G. Tsudik, Authenticated group key agreement and friends, in *5th ACM Conference on Computer and Communications Security* (*ACM CCS'98*), San Francisco, USA (ACM, New York, 1998), pp. 17–26

[15] G. Ateniese, M. Steiner, G. Tsudik, New multiparty authentication services and key agreement protocols. IEEE J. Sel. Areas Commun. 18(4), 628–639 (2000)

[16] M. Backes, B. Pfitzmann, M. Waidner, A composable cryptographic library with nested operations, in *10th ACM Conference on Computer and Communications Security* (*ACM CCS'03*), ed. by S. Jajodia, V. Atluri, T. Jaeger (ACM, New York, 2003), pp. 220–230

[17] D.A. Basin, Lazyinfinite-state analysis of security protocols, in *Secure Networking* (*CQRE'99*), ed. by R. Baumgart, Düsseldorf, Germany. Lecture Notes in Computer Science, vol. 1740 (Springer, Berlin, 1999), pp. 30–42

[18] D.A. Basin, C.J.F. Cremers, Degrees of security: protocol guarantees in the face of compromising adversaries, in *Computer Science Logic, 24th International Workshop* (*CSL'10*), Brno, Czech Republic. Lecture Notes in Computer Science, vol. 6247 (Springer, Berlin, 2010), pp. 1–18

[19] D.A. Basin, C.J.F. Cremers, Modeling and analyzing security in the presence of compromising adversaries, in *15th European Symposium on Research in Computer Security* (*ESORICS'10*), Athens, Greece. Lecture Notes in Computer Science, vol. 6345 (Springer, Berlin, 2010), pp. 340–356

[20] D.A. Basin, C.J.F. Cremers, S. Meier, Provably repairing the ISO/IEC 9798 standard for entity authentication, in *1st International Conference on Principles of Security and Trust* (*POST'12*), ed. by P. Degano, J.D. Guttman, Tallinn, Estonia. Lecture Notes in Computer Science, vol. 7215 (Springer, Berlin, 2012), pp. 129–148

[21] D.A. Basin, S. Mödersheim, L. Viganò, Algebraic intruder deductions, in *12th International Conference on Logic for Programming, Artificial Intelligence and Reasoning* (*LPAR'05*), Montego Bay, Jamaica. Lecture Notes in Artificial Intelligence, vol. 3835 (Springer, Berlin, 2005), pp. 549–564

[22] D.A. Basin, S. Mödersheim, L. Viganò, OFMC: a symbolic model checker for security protocols.Int.J.Inf.Secur. 4(3), 181–208 (2005)

[23] G. Bella, F. Massacci, L.C. Paulson, The verification of an industrial payment protocol: the SET purchase phase, in *9th ACM Conference on Computer and Communications Security* (*ACM CCS'02*), ed. by V. Atluri, Washington, USA (ACM, New York, 2002), pp. 12–20

[24] G. Bella, F. Massacci, L.C. Paulson, Verifying the SET registration protocols. IEEE J. Sel. Areas Commun. 21(1), 77–87 (2003)

[25] G. Bella, F. Massacci, L.C. Paulson, An overview of the verification of SET. Int. J. Inf. Secur. 4(1–2), 17–28 (2005)

[26] G. Bella, F.Massacci, L.C. Paulson, P. Tramontano, Formal verification of cardholder registration in SET, in *6th European Symposium on Research in Computer Security* (*ESORICS'00*), ed. by F. Cuppens, Y. Deswarte, D. Gollmann, M. Waidner, Toulouse, France. Lecture Notes in Computer Science, vol. 1895 (Springer, Berlin, 2000), pp. 159–174

[27] G. Bella, L.C. Paulson, Using Isabelle to prove properties of the Kerberos authentication system, in *Workshop on Design and Formal Verification of Security Protocols*, ed. by H. Orman, C. Meadows, Piscataway, USA (DIMACS, Rutgers, 1997)

[28] G.Bella, L.C. Paulson, Kerberos version IV: inductive analysis of the secrecy goals, in *5th European Symposium on Research in Computer Security* (*ESORICS'98*), ed. by J.-J. Quisquater, Y. Deswarte, C. Meadows, D. Gollmann, Louvain-la-Neuve, Belgium. Lecture Notes in Computer Science, vol. 1485 (Springer, Berlin, 1998), pp. 361–375

[29] G. Bella, L.C. Paulson, Mechanical proofs about a non-repudiation protocol, in *14th International Conference on Theorem Proving in Higher Order Logics* (*TPHOLs'01*), ed. by R.J. Boulton, P.B. Jackson, Edinburgh, UK. Lecture Notes in Computer Science, vol. 2152 (Springer, Berlin, 2001), pp. 91–104

[30] K. Bhargavan, C. Fournet, R.J. Corin, E. Zalinescu, Cryptographically verified implementations for TLS, in *15th ACM Conference on Computer and Communications Security* (*ACM CCS'08*), ed. by P. Ning, P.F. Syverson, S. Jha, Alexandria, USA (ACM, New York, 2008), pp. 459–468

[31] K. Bhargavan, C. Fournet, A.D. Gordon, Modular verification of security protocol code by typing, in *37th ACM SIGPLAN-SIGACT Symposium on Principles of Programming Languages* (*POPL'10*), ed. by M.V. Hermenegildo, J. Palsberg, Madrid, Spain (ACM, New York, 2010), pp. 445–456

[32] P. Bieber, N. Boulahia-Cuppens, Formal development of authentication protocols, in *6th BCS-FACS Refinement Workshop*, London, UK (1994)

[33] B. Blanchet, An efficient cryptographic protocol verifier based on Prolog rules, in *14th IEEE Computer Security Foundations Workshop* (*CSFW'01*), Cape Breton, Canada (IEEE Computer Society, Los Alamitos, 2001), pp. 82–96

[34] B. Blanchet, Automatic proof of strong secrecy for security protocols, in *25th IEEE Symposium on Security & Privacy* (*S&P'04*), Oakland, USA (IEEE Computer Society, Los Alamitos, 2004), pp. 86–100

[35] B. Blanchet, A computationally sound mechanized prover for security protocols. IEEE Trans. Dependable Secure Comput. 5(4), 193–207 (2008)

[36] C. Boyd, Towards extensional goals in authentication protocols, in *Workshop on Design and Formal Verification of Security Protocols*, ed. by H. Orman, C. Meadows, Piscataway, USA (DIMACS, Rutgers, 1997)

[37] C. Boyd, A. Mathuria, *Protocols for Authentication and Key Establishment. Information Security and Cryptography* (Springer, Berlin, 2003)

[38] E. Bresson, O. Chevassut, D. Pointcheval, J.J. Quisquater, Provably authenticated group Diffie-Hellman key exchange, in *8th ACM Conference on Computer and Communications Security* (*ACM CCS'01*), ed. by M.K. Reiter, P. Samarati, Philadelphia, USA (ACM, New York, 2001), pp. 255–264

[39] M. Burrows, M. Abadi, R.M. Needham, A logic of authentication. ACM Trans. Comput. Syst. 8(1), 18–36 (1990)

[40] L. Buttyán, A. Nagy, I. Vajda, Efficient multi-party challenge-response protocols for entity authentication. Period. Polytech. 45(1), 43–64 (2001)

[41] R. Canetti, Universally composable security: a new paradigm for cryptographic protocols. IACR Cryptology ePrint Archive, Report 2000/067 (2000)

[42] R. Canetti, C. Meadows, P. Syverson, Environmental requirements for authentication protocols, in *Software Security—Theories and Systems, Mext-NSF-JSPS International Symposium* (*ISSS'02*), ed. by M. Okada, B.C. Pierce, A. Scedrov, H. Tokuda, A. Yonezawa, Tokyo, Japan. Lecture Notes in Computer Science, vol. 2609 (Springer, Berlin, 2002), pp. 339–355

[43] N. Chomsky, Three models for the description of language. IRE Trans. Inf. Theory 2(3), 113–124 (1956)

[44] J.A. Clark, J.L. Jacob, A survey of authentication protocol literature: Version 1.0. Unpublished article (1997)

[45] E.M. Clarke, S. Jha, W. Marrero, Verifying security protocols with Brutus. ACM Trans. Softw. Eng. Methodol. 9(4), 443–487 (2000)

[46] R.J. Corin, S. Etalle, Animproved constraint-based system for the verification of security protocols, in *9th International Static Analysis Symposium* (*SAS'02*), ed. by M.V. Hermenegildo, G. Puebla, Madrid, Spain. Lecture Notes in Computer Science, vol. 2477 (Springer, Berlin, 2002), pp. 326–341

[47] R.J. Corin, A. Saptawijaya, S. Etalle, A logic for constraint-based security protocol analysis, in *27th IEEE Symposium on Security & Privacy* (*S&P'06*), Berkeley, USA (IEEE Computer Society, Los Alamitos, 2006), pp. 155–168

[48] V. Cortier, S. Delaune, Safely composing security protocols. Form. Methods Syst. Des. 34(1), 1–36 (2009)

[49] V. Cortier, S. Delaune, P. Lafourcade, A survey of algebraic properties used in cryptographic protocols. J. Comput. Secur. 14(1), 1–43 (2006)

[50] V. Cortier, S. Kremer, B. Warinschi, A survey of symbolic methods in computational analysis of cryptographic systems. J. Autom. Reason. 46(3–4), 225–259 (2011)

[51] V. Cortier, M. Rusinowitch, E. Zalinescu, Relating two standard notions of secrecy. Log. Methods Comput. Sci. 3(3), 1–29 (2007)

[52] C.J.F. Cremers, The Scyther tool: automatic verification of security protocols. http://people.inf.ethz.ch/cremersc/scyther/index.html (accessed 18 Sept 2012)

[53] C.J.F. Cremers, Feasibility of multi-protocol attacks, in *1st International Conference on Availability, Reliability and Security* (*ARES'06*), Vienna, Austria (IEEE Computer Society, Los Alamitos, 2006), pp. 287–294

[54] C.J.F. Cremers, On the protocol composition logic PCL, in *ACM Symposium on Information, Computer & Communication Security* (*ASIACCS'08*), ed. by M. Abe, V. Gligor, Tokyo, Japan (ACM, New York, 2008), pp. 66–76

[55] C.J.F. Cremers, The Scyther tool: verification, falsification, and analysis of security protocols, in *20th International Conference on Computer Aided Verification* (*CAV'08*),ed. by A. Gupta, S. Malik, Princeton, USA. Lecture Notes in Computer Science, vol. 5123 (Springer, Berlin, 2008), pp. 414–418

[56] C.J.F. Cremers, Unbounded verification, falsification, and characterization of security protocols by pattern refinement, in *15th ACM Conference on Computer and Communications Security* (*ACM CCS'08*), ed. by P. Ning, P.F. Syverson, S. Jha, Alexandria, USA (ACM, New York, 2008), pp. 119–128

[57] C.J.F. Cremers, Session-state reveal is stronger than eCK's ephemeral key reveal: using automatic analysis to attack the NAXOS protocol. Int. J. Appl. Cryptogr. 2(2), 83–99 (2010)

[58] C.J.F.Cremers, Key exchange in IPsec revisited: formal analysis of IKEv1 and IKEv2, in *16th European Symposium on Research in Computer Security* (*ESORICS'11*), ed. by V. Atluri, C. Díaz, Leuven, Belgium. Lecture Notes in Computer Science, vol. 6879 (Springer, Berlin, 2011), pp. 315–334

[59] C.J.F. Cremers, P. Lafourcade, P. Nadeau, Comparing state spaces in automatic protocol analysis, in *Formal to Practical Security*, ed. by V. Cortier, C. Kirchner, M. Okada, H. Sakurada. Lecture Notes in Computer Science, vol. 5458 (Springer, Berlin, 2009), pp. 70–94

[60] C.J.F. Cremers, S. Mauw, Operational semantics of security protocols, in *Scenarios: Models, Transformations and Tools, International Workshop, 2003, Revised Selected Papers*,ed. by S. Leue, T. Systä, Dagstuhl, Germany. Lecture Notes in Computer Science, vol. 3466 (Springer, Berlin, 2005)

[61] C.J.F. Cremers, S. Mauw, Generalizing Needham-Schroeder-Lowe for multi-party authentication. Computer Science Report CSR 06-04, Eindhoven University of Technology (2006)

[62] C.J.F. Cremers, S. Mauw, E.P. de Vink, Defining authentication in a trace model, in *1st International Workshop on Formal Aspects in Security and Trust (FAST'03)*, ed. by T. Dimitrakos, F. Martinelli, Pisa, Italy (2003), pp. 131–145. IITT-CNR technical report

[63] C.J.F. Cremers, S. Mauw, E.P. de Vink, A syntactic criterion for injectivity of authentication protocols, in *2nd Workshop on Automated Reasoning for Security Protocol Analysis (ARSPA'05)*, ed. by P. Degano, L. Viganò, Lisbon, Portugal. Electronic Notes in Theoretical Computer Science, vol. 135 (Elsevier, Amsterdam, 2005), pp. 23–38

[64] C.J.F. Cremers, S. Mauw, E.P. de Vink, Injective synchronisation: an extension of the authentication hierarchy. Theor. Comput. Sci. 367(1–2), 139–161 (2006)

[65] A. Datta, A. Derek, J.C. Mitchell, D. Pavlovic, Secure protocol composition, in *1st ACM Workshop on Formal Methods in Security Engineering (FMSE'03)*, ed. by M. Backes, D.A. Basin, Washington, USA (ACM, New York, 2003), pp. 11–23

[66] A. Datta, A. Derek, J.C. Mitchell, A. Roy, Protocol Composition Logic (PCL), in *Computation, Meaning, and Logic: Articles dedicated to Gordon Plotkin*, ed. by L. Cardelli, M. Fiore, G. Winskel. Electronic Notes in Theoretical Computer Science, vol. 172, (2007), pp. 311– 358

[67] A. Datta, J.C. Mitchell, A. Roy, S. Stiller, Protocol composition logic, in *Formal Models and Techniques for Analyzing Security Protocols*, ed. by V. Cortier, S. Kremer (IOS Press, Lansdale, 2011)

[68] S. Delaune, S. Kremer, M.D. Ryan, Composition of password-based protocols, in *21st IEEE Computer Security Foundations Symposium (CSF'08)*, Pittsburgh, USA (IEEE Computer Society, Los Alamitos, 2008), pp. 239–251

[69] X. Didelot, COSP-J: a compiler for security protocols. Master's thesis, University of Oxford, Computing Laboratory (2003)

[70] W. Diffie, M.E. Hellman, New directions in cryptography. IEEE Trans. Inf. Theory 22(6), 644–654 (1976)

[71] W. Diffie, P.C. van Oorschot, M.J. Wiener, Authentication and authenticated key-exchanges. Des. Codes Cryptogr. 2(2), 107–125 (1992)

[72] S. Doghmi, J.D. Guttman, F.J. Thayer, Skeletons and the shapes of bundles, in *7th International Workshop on Issues in the Theory of Security (WITS'07)*, Braga, Portugal (2007)

[73] S.F. Doghmi, J.D. Guttman, F.J. Thayer, Searching for shapes in cryptographic protocols, in *13th*

International Conference on Tools and Algorithms for the Construction and Analysis of Systems (*TACAS'07*), ed. by O. Grumberg, M. Huth, Braga, Portugal. Lecture Notes in Computer Science, vol. 4424 (Springer, Berlin, 2007), pp. 523–537

[74] S.F. Doghmi, J.D. Guttman, F.J. Thayer, Skeletons, homomorphisms, and shapes: characterizing protocol executions, in *23rd Conference on the Mathematical Foundations of Programming Semantics* (*MFPS XXIII*), New Orleans, USA. Electronic Notes in Theoretical Computer Science, vol. 173 (Elsevier, Amsterdam, 2007), pp. 85–102

[75] D. Dolev, A.C. Yao, On the security of public key protocols (extended abstract), in *22nd IEEE Symposium on Foundations of Computer Science* (*FOCS'81*), Nashville, USA (IEEE Computer Society, Los Alamitos, 1981), pp. 350–357

[76] D. Dolev, A.C. Yao, On the security of public key protocols. IEEE Trans. Inf. Theory 29(2), 198–207 (1983)

[77] N.A. Durgin, P.D. Lincoln, J.C. Mitchell, A. Scedrov, Undecidability of bounded security protocols, in *Formal Methods and Security Protocols* (*FMSP'99*), Trento, Italy (1999)

[78] N.A. Durgin, J.C. Mitchell, D. Pavlovic, A compositional logic for protocol correctness, in *14th IEEE Computer Security Foundations Workshop* (*CSFW'01*), Cape Breton, Canada (IEEE Computer Society, Los Alamitos, 2001), pp. 241–272

[79] S. Erbatur, S. Escobar, D. Kapur, Z. Liu, C. Lynch, C. Meadows, J. Meseguer, P. Narendran, S. Santiago, R. Sasse, Effective symbolic protocol analysis via equational irreducibility conditions, in *17th European Symposium on Research in Computer Security* (*ESORICS'12*), ed. by S. Foresti, M. Yung, F. Martinelli, Pisa, Italy. Lecture Notes in Computer Science, vol. 7459 (Springer, Berlin, 2012), pp. 73–90

[80] S. Escobar, D. Kapur, C. Lynch, C. Meadows, J. Meseguer, P. Narendran, R. Sasse, Protocol analysis in Maude-NPA using unification modulo homomorphic encryption, in *13th International ACM SIGPLAN Conference on Principles and Practice of Declarative Programming* (*PPDP'11*), ed. by P. Schneider-Kamp, M. Hanus, Odense, Denmark (ACM, New York, 2011), pp. 65–76

[81] S. Escobar, C. Meadows, J. Meseguer, Maude-NPA: cryptographic protocol analysis modulo equational properties, in *Foundations of Security Analysis and Design V, FOSAD 2007/2008/2009 Tutorial Lectures*, ed. by A. Aldini, G. Barthe, R. Gorrieri. Lecture Notes in Computer Science, vol. 5705 (Springer, Berlin, 2009), pp. 1–50

[82] R. Focardi, F. Martinelli, A uniform approach for the definition of security properties, in *World Congress on Formal Methods in the Development of Computing Systems* (*FM'99*), ed. by J.M. Wing, J. Woodcock, J. Davies, Toulouse, France. Lecture Notes in Computer Science, vol. 1708 (Springer, Berlin, 1999), pp. 794–813

[83] International Organization for Standardization. Information technology—security techniques—entity authentication, part 1: general model. ISO/IEC 9798-1 (1991)

[84] T. Genet, F. Klay, Rewriting for cryptographic protocol verification, in *17th International Conference on Automated Deduction* (*CADE'00*), ed. by D.A. McAllester, Pittsburgh, USA. Lecture Notes in Artificial Intelligence, vol. 1831 (Springer, Berlin, 2000), pp. 271–290

[85] D. Gollmann, What do we mean by entity authentication, in *17th IEEE Symposium on Security & Privacy* (*S&P'96*), Oakland, USA (IEEE Computer Society, Los Alamitos, 1996), pp. 46–54

[86] D. Gollmann, On the verification of cryptographic protocols—a tale of two committees, in *Workshop on Secure Architectures and Information Flow 1999*, London, UK. Electronic Notes in Theoretical Computer Science, vol. 32 (Elsevier, Amsterdam, 2000), pp. 42–58

[87] L. Gong, R.M. Needham, R. Yahalom, Reasoning about belief in cryptographic protocol analysis, in *11th IEEE Symposium on Security & Privacy* (*S&P'90*), Oakland, USA (IEEE Computer Society, Los Alamitos, 1990), pp. 234–248

[88] L. Gong, P. Syverson, Fail-stop protocols: an approach to designing secure protocols, in *5th International Working Conference on Dependable Computing for Critical Applications* (*DCCA'95*), Urbana-Champaign, USA (1995), pp. 44–55

[89] J.D. Guttman, State and progress in Strand Spaces: proving fair exchange. J. Autom. Reason. 48(2), 159–195 (2012)

[90] J.D. Guttman, F.J. Thayer, Protocol independence through disjoint encryption, in *13th IEEE Computer Security Foundations Workshop* (*CSFW'00*), Cambridge, UK (IEEE Computer Society, Los Alamitos, 2000), pp. 24–34

[91] J.D. Guttman, F.J. Thayer, Authentication tests and the structure of bundles. Theor. Comput. Sci. 283(2), 333–380 (2002)

[92] J. Heather, G. Lowe, S. Schneider, How to prevent type flaw attacks on security protocols. J. Comput. Secur. 11(2), 217–244 (2003)

[93] A. Huima, Efficient infinite-state analysis of security protocols, in *FLOC Workshop on Formal Methods and Security Protocols* (*FMSP'99*), ed. by N. Heintze, E. Clarke, Trento, Italy (1999)

[94] FET Open Project IST-2001-39252. AVISPA: automated validation of internet security protocols and applications. http://www.avispa-project.org/ (accessed 18 Sept 2012)

[95] ITU-TS, Recommendation Z.120: Message Sequence Chart (MSC) ITU-TS, Geneva (1999)

[96] J. Katz, M. Yung, Scalable protocols for authenticated group key exchange, in *23rd Annual International Cryptology Conference* (*CRYPTO'03*), ed. by D. Boneh, Santa Barbara, USA. Lecture Notes in Computer Science, vol. 2729 (Springer, Berlin, 2003), pp. 110–125

[97] J. Kelsey, B. Schneier, D. Wagner, Protocol interactions and the chosen protocol attack, in *5th International Workshop on Security Protocols*, ed. by B. Christianson, B. Crispo, T.M.A. Lomas, M. Roe, Paris, France. Lecture Notes in Computer Science, vol. 1361 (Springer, Berlin, 1997), pp. 91–104

[98] R.A. Kemmerer, Analyzing encryption protocols using formal verification techniques, in *Workshop*

on the Theory and Application of Cryptographic Techniques (*EUROCRYPT'86*), ed. by I. Ingemarsson, Linköping, Sweden (1986), p. 48

[99] R.A. Kemmerer, C. Meadows, J.K. Millen, Three systems for cryptographic protocol analysis. J. Cryptol. 7, 79–130 (1994)

[100] S.T. Kent, Encryption-based protection for interactive user/computer communication, in *5th Symposium on Data Communications* (*SIGCOMM'77*), Snowbird, USA (ACM, New York, 1977), pp. 5.7–5.13

[101] R. Küsters, T. Truderung, Using ProVerif to analyze protocols with Diffie-Hellman exponentiation, in *22nd IEEE Computer Security Foundations Symposium* (*CSF'09*), Port Jefferson, USA (IEEE Computer Society, Los Alamitos, 2009), pp. 157–171

[102] R. Küsters, T. Truderung, Reducing protocol analysis with XOR to the XOR-free case in the Horn Theory based approach. J. Autom. Reason. 46(3–4), 325–352 (2011)

[103] Y. Li, W. Yang, C. Huang, On preventing type flaw attacks on security protocols with a simplified tagging scheme. J. Inf. Sci. Eng. 21(1), 59–84 (2005)

[104] P. Lincoln, J.C. Mitchell, M. Mitchell, A. Scedrov, A probabilistic poly-time framework for protocol analysis, in *5th ACM Conference on Computer and Communications Security* (*ACM CCS'98*), ed. by L. Gong, M.K. Reiter, San Francisco, USA (ACM, New York, 1998), pp. 112–121

[105] D. Longley, S. Rigby, An automatic search for security flaws in key management schemes. Comput. Secur. 11(1), 75–89 (1992)

[106] G. Lowe, Breaking and fixing the Needham-Schroeder public-key protocol using FDR, in *2nd International Conference on Tools and Algorithms for the Construction and Analysis of Systems* (*TACAS'96*), ed. by T. Margaria, B. Steffen, Passau, Germany. Lecture Notes in Computer Science, vol. 1055 (Springer, Berlin, 1996), pp. 147–166

[107] G.L. Lowe, Casper: a compiler for the analysis of security protocols, in *10th IEEE Computer Security Foundations Workshop* (*CSFW'97*), Rockport, USA (IEEE Computer Society, Los Alamitos, 1997), pp. 18–30

[108] G. Lowe, A hierarchy of authentication specifications, in *10th IEEE Computer Security Foundations Workshop* (*CSFW'97*), Rockport, USA (IEEE Computer Society, Los Alamitos, 1997), pp. 31–44

[109] G. Lowe, Towards a completeness result for model checking of security protocols, in *11th IEEE Computer Security Foundations Workshop* (*CSFW'98*), Rockport, USA (IEEE Com-puter Society, Los Alamitos, 1998), pp. 96–105

[110] A. Mathuria, A.R. Singh, P.V. Sharavan, R. Kirtankar, Some new multi-protocol attacks, in *15th International Conference on Advanced Computing and Communications* (*ADCOM'07*), Guwahati, India (IEEE Computer Society, Los Alamitos, 2007), pp. 465–471

[111] C. Meadows, The NRL protocol analyzer: an overview. J. Log. Program. 26(2), 113–131 (1996)

[112] C. Meadows, Analysis of the Internet Key Exchange Protocol using the NRL protocol analyzer, in *20th IEEE Symposium on Security & Privacy* (*S&P'99*), Oakland, USA (IEEE Computer Society, Los Alamitos, 1999), pp. 216–231

[113] S. Meier, C.J.F. Cremers, D.A. Basin, Strong invariants for the efficient construction of machine-checked protocol security proofs, in *23rd IEEE Computer Security Foundations Symposium* (*CSF'10*), Edinburgh, UK (IEEE Computer Society, Los Alamitos, 2010), pp. 231–245

[114] S. Meier, B. Schmidt, The Tamarin prover: source code and case studies. http://hackage.haskell.org/package/tamarin-prover (accessed 18 Sept 2012)

[115] D. Micciancio, S. Panjwani, Optimal communication complexity of generic multicast key distribution, in *Advances in Cryptology—International Conference on the Theory and Application of Cryptographic Techniques* (*EUROCRYPT'04*), ed. by J. Camenisch, C. Cachin, Interlaken, Switzerland. Lecture Notes in Computer Science, vol. 3027 (Springer, Berlin, 2004), pp. 153–170

[116] J.K. Millen, A necessarily parallel attack, in *FLOC Workshop on Formal Methods and Security Protocols* (*FMSP'99*), ed. by N. Heintze, E. Clarke, Trento, Italy (1999)

[117] J.K. Millen, S.C. Clark, S.B. Freedman, The Interrogator: protocol security analysis. IEEE Trans. Softw. Eng. 13(2), 274–288 (1987)

[118] J.K. Millen, V.Shmatikov, Constraint solving for bounded-process cryptographic protocol analysis, in *8th ACM Conference on Computer and Communications Security* (*ACM CCS'01*), ed. by M.K. Reiter, P. Samarati, Philadelphia, USA (ACM, New York, 2001), pp. 166–175

[119] J.K. Millen, V. Shmatikov, Symbolic protocol analysis with products and Diffie-Hellman exponentiation, in *16th IEEE Computer Security Foundations Workshop* (*CSFW'03*), Pacific Grove, USA (IEEE Computer Society, Los Alamitos, 2003), pp. 47–61

[120] R. Milner, J. Parrow, D. Walker, A calculus of mobile processes, I. Inf. Comput. 100(1), 1–40 (1992)

[121] R. Milner, J. Parrow, D. Walker, A calculus of mobile processes, II. Inf. Comput. 100(1), 41–77 (1992)

[122] J.C. Mitchell, M. Mitchell, U. Stern, Automated analysis of cryptographic protocols using Mur Φ, in *18th IEEE Symposium on Security & Privacy* (*S&P'97*), Oakland, USA (IEEE Computer Society, Los Alamitos, 1997), pp. 141–151

[123] C. Morgan, The shadow knows: refinement and security in sequential programs. Sci. Comput. Program. 74(8), 629–653 (2009)

[124] R.M. Needham, M. Schroeder, Using encryption for authentication in large networks of computers. Commun. ACM 21(12), 993–999 (1978)

[125] T. Nipkow, L.C. Paulson, M. Wenzel, *Isabelle/HOL—A Proof Assistant for Higher-Order Logic.*

Lecture Notes in Computer Science, vol. 2283 (Springer, Berlin, 2002)

[126] P.C. van Oorschot, Extending cryptographic logics of belief to key agreement protocols, in *1st ACM Conference on Computer and Communications Security* (*ACM CCS'93*), ed. by D.E. Denning, R. Pyle, R. Ganesan, R.S. Sandhu, V. Ashby, Fairfax, USA (ACM, New York, 1993), pp. 232–243

[127] S. Owicki, D. Gries, An axiomatic proof technique for parallel programs I. Acta Inform. 6(4), 319–340 (1976)

[128] A. Pankova, P. Laud, Symbolic analysis of cryptographic protocols containing bilinear pairings, in *25th IEEE Computer Security Foundations Symposium* (*CSF'12*), ed. by S. Chong, Cambridge, USA (IEEE Computer Society, Los Alamitos, 2012), pp. 63–77

[129] L.C. Paulson, *Isabelle: A Generic Theorem Prover*. Lecture Notes in Computer Science, vol. 828 (Springer, Berlin, 1994)

[130] L.C. Paulson, Proving properties of security protocols by induction, in *10th IEEE Computer Security Foundations Workshop* (*CSFW'97*), Rockport, Massachusetts (IEEE Computer Society, Los Alamitos, 1997), pp. 70–83

[131] L.C. Paulson, The inductive approach to verifying cryptographic protocols. J. Comput. Secur. 6(1–2), 85–128 (1998)

[132] L.C. Paulson, Inductive analysis of the Internet protocol TLS. ACM Trans. Inf. Syst. Secur. 2(3), 332–351 (1999)

[133] L.C. Paulson, Relations between secrets: two formal analyses of the Yahalom protocol. J. Comput. Secur. 9(3), 197–216 (2001)

[134] L.C. Paulson, SET cardholder registration: the secrecy proofs, in *1st International Joint Conference on Automated Reasoning* (*IJCAR'01*),ed. by R. Goré,A.Leitsch,T.Nipkow. Lecture Notes in Artificial Intelligence, vol. 2083 (Springer, Berlin, 2001), pp. 5–12

[135] A. Pnueli, The temporal logic of programs, in *18th IEEE Symposium on Foundations of Computer Science* (*FOCS'77*), Providence, USA (IEEE Computer Society, Los Alamitos, 1977), pp. 46–57

[136] G.J. Popek, C.S. Kline, Encryption and secure computer networks. ACM Comput. Surv. 11(4), 331–356 (1979)

[137] J.D. Ramsdell, The cryptographic protocol shapes analyzer (CPSA). http://hackage.haskell.org/package/cpsa (accessed 18 Sept 2012)

[138] A.W. Roscoe, Intensional specifications of security protocols, in *9th IEEE Computer Security Foundations Workshop* (*CSFW'96*), Dromquinna Manor, Kenmare, Ireland (IEEE Computer Society, Los Alamitos, 1996), pp. 28–38

[139] M. Rusinowitch, M. Turuani, Protocol insecurity with finite number of sessions is NP-complete, in *14th IEEE Computer Security Foundations Workshop* (*CSFW'01*), Cape Breton, Canada (IEEE Computer Society, Los Alamitos, 2001), pp. 174–187

[140] M. Rusinowitch, M. Turuani, Protocol insecurity with a finite number of sessions and composed keys is NP-complete. Theor. Comput. Sci. 299(1–3), 451–475 (2003)

[141] P.Y.A. Ryan, S. Schneider, *Modelling and Analysis of Security Protocols: The CSP Approach* (Addison-Wesley, Reading, 2001)

[142] R. Sasse, S. Escobar, C. Meadows, J. Meseguer, Protocol analysis modulo combination of theories: a case study in Maude-NPA, in *6th International Workshop on Security and Trust Management (STM'10)*, ed. by J. Cuéllar, J. Lopez, G. Barthe, A. Pretschner, Athens, Greece. Lecture Notes in Computer Science, vol. 6710 (Springer, Berlin, 2010), pp. 163–178

[143] B. Schmidt, S. Meier, C.J.F. Cremers, D.A. Basin, Automated analysis of Diffie-Hellman protocols and advanced security properties, in *25th IEEE Computer Security Foundations Symposium (CSF'12)*, ed. by S. Chong, Cambridge, USA (IEEE Computer Society, Los Alamitos, 2012), pp. 78–94

[144] S. Schneider, Security properties and CSP, in *17th IEEE Symposium on Security & Privacy (S&P'96)*, Oakland, USA (IEEE Computer Society, Los Alamitos, 1996), pp. 174–187

[145] C.E. Shannon, A mathematical theory of communication. Bell Syst. Tech. J. 27(3–4), 379– 423, 623–656 (1948)

[146] B. Smyth, M.D. Ryan, S. Kremer, M. Kourjieh, Towards automatic analysis of election verifiability properties, in *Joint Workshop on Automated Reasoning for Security Protocol Analysis and Issues in the Theory of Security (ARSPA-WITS'10)*, ed. by A. Armando, G. Lowe, Paphos, Cyprus. Lecture Notes in Computer Science, vol. 6186 (Springer, Berlin, 2011), pp. 146–163

[147] D. Song, Athena: a new efficient automatic checker for security protocol analysis, in *12th IEEE Computer Security Foundations Workshop (CSFW'99)*, Mordano, Italy (IEEE Computer Society, Los Alamitos, 1999), pp. 192–202

[148] D. Song, S. Berezin, A. Perrig, Athena: a novel approach to efficient automatic security protocol analysis. J. Comput. Secur. 9(1–2), 47–74 (2001)

[149] Security Protocols Open Repository (SPORE). http://www.lsv.ens-cachan.fr/spore (accessed 18 Sept 2012)

[150] C. Sprenger, D.A. Basin, Refining key establishment, in *25th IEEE Computer Security Foundations Symposium (CSF'12)*, ed. by S. Chong, Cambridge, USA (2012), pp. 230–246

[151] S.G. Stubblebine, R.N. Wright, An authentication logic with formal semantics supporting synchronization, revocation, and recency. IEEE Trans. Softw. Eng. 28(3), 256–285 (2002)

[152] P.F. Syverson, P.C. van Oorschot, A unified cryptographic protocol logic. CHACS Report 5540-227 NRL (1996)

[153] F.J. Thayer, J.C. Herzog, J.D. Guttman, Honest ideals on Strand Spaces, in *11th IEEE Computer Security Foundations Workshop (CSFW'98)*, Rockport, USA (IEEE Computer Society, Los Alamitos, 1998), pp. 66–77

[154] F.J. Thayer, J.C. Herzog, J.D. Guttman, Mixed Strand Spaces, in *12th IEEE Computer Security Foundations Workshop* (*CSFW'99*), Mordano, Italy (IEEE Computer Society, Los Alamitos, 1999), pp. 72–82

[155] F.J. Thayer, J.C. Herzog, J.D. Guttman, Strand Spaces: proving security protocols correct. J. Comput. Secur. 7(2–3), 191–230 (1999)

[156] F.L. Tiplea, C. Enea, C.V. Birjoveneanu, Decidability and complexity results for security protocols, in *Verification of Infinite-State Systems with Applications to Security* (*VISSAS'05*), ed. by E.M. Clarke, M. Minea, F.L. Tiplea, Timisoara, Romania. NATO Security Through Science Series D: Information and Communication Security, vol. 1 (IOS Press, Lansdale, 2006), pp. 185–211

[157] M. Turuani, The CL-Atse protocol analyser, in *17th International Conference on Rewriting Techniques and Applications* (*RTA'06*), ed. by F. Pfenning, Seattle, USA. Lecture Notes in Computer Science, vol. 4098 (Springer, Berlin, 2006), pp. 227–286

[158] W.G. Tzeng, C.M. Hu, Inter-protocol interleaving attacks on some authentication and key distribution protocols. Inf. Process. Lett. 69(6), 297–302 (1999)

[159] T. Woo, S. Lam, A lesson on authentication protocol design. Oper. Syst. Rev. 28(3), 24–37 (1994)